PLANT IT LOVE IT!

Zimmerpflanzen erfolgreich teilen und vermehren

Caro Langton und
Rose Ray

Fotos von Erika Raxworthy

GERSTENBERG

HUP SENG
Cream

Anfangen

Zu den Merkwürdigkeiten des Daseins auf dieser Welt gehört, dass man sich nur dann und wann ziemlich sicher ist, für immer und immer und ewig zu leben.

Frances Hodgson Burnett, Der geheime Garten

Erinnern Sie sich an den Tag, an dem Sie sich zu Hause umgeschaut und urplötzlich entsetzt gedacht haben: »Ich habe zu viele Zimmerpflanzen«? ... Wir auch nicht. Denn ein Leben mit Topfpflanzen ist zweifellos das bessere. Noch besser ist es, neue, kräftige Zimmerpflanzen ziehen und reproduzieren zu können, ohne je wieder einen Fuß in ein Gartencenter zu setzen. Und die wunderbaren Vermehrungsmethoden für seine Lieblinge mit anderen zu teilen, ohne viel dafür auszugeben.

Wir verraten Ihnen ein Geheimnis: Es ist wirklich ganz einfach.

Pflanzen sind dazu geschaffen, sich zu vermehren. Sie spreizen die Wurzeln, senden forschende Triebe aus und regenerieren sich ohne jede Hilfe auf unerwartete und aufregende Weise. Ein einziges Blatt enthält so viel Leben, dass selbst ein Anfänger daraus eine neue Zimmerpflanze ziehen kann.

Falls Sie Ihr Zuhause schon voller Topfpflanzen haben, fragen Sie sich vielleicht: Und was jetzt? Und was, wenn Ihre liebste tropische Pflanze üppig wuchernd den Rahmen, den Sie ihr zugewiesen haben, sprengt? Anstatt sie einfach nur zu stutzen, kann man mit ihren Blättern und Stängeln genetisch identische Klone schaffen. Das nennt man asexuelle oder vegetative Vermehrung und es erfordert weder Bestäubung noch Keimung. Fast jede Zimmerpflanze, die Sie je besessen (oder von der Sie je geträumt) haben, kann auf diese Weise vermehrt werden.

Manche Pflanzen präsentieren wie durch Zauberei Miniatur-Klone ihrer selbst, wie etwa die scheinbar unvergängliche Grünlilie. Andere verlangen nach etwas mehr Planung und Ermunterung, produzieren dann aber bereitwillig Kopien. Alles, was Sie benötigen, sind ein paar unkomplizierte Methoden, die richtige Umgebung für Ihre neuen Pflanzenkinder und ein bisschen Geduld.

Mithilfe dieses Buches werden Sie schnell lernen, wie man Stecklinge schneidet, Ausläufer und Absenker kultiviert, Pflanzen an den Wurzeln teilt oder die Bildung von Luftwurzeln anregt. Sie lernen Schnittmethoden kennen, bei denen kein Abfall anfällt, bekommen Substratrezepte und können dann, wenn Sie möchten, Ihre selbst gezogenen Zimmerpflanzen verschenken oder sie gegen ganz neue eintauschen.

Wir zeigen Ihnen außerdem, wie Sie Ihre Pflanzenfamilie optimaler gedeihen lassen können, zum Beispiel mit einem selbst gemachten Mini-Gewächshaus und einem selbst bewässernden Topf.

Und wir hoffen, dass wir Sie dazu bringen können, die Pflanzenwelt in einem neuen Licht zu sehen, zu begreifen, wie sie sich auf faszinierende Weise vermehrt und verbreitet – möglichst bei Ihnen zu Hause.

THE RADICAL EYE
bauhaus
DAVID HOCKNEY
THE EAST COAST

Vermehrung verstehen

Vor einiger Zeit rettete Rose auf einer Gartenmesse eine lädierte – aber sehr aparte – Sukkulente. Auf dem Etikett stand der treffende englische Trivialname – *mother of thousands*, Mutter von Tausenden. An den Blatträndern drängten sich denn auch winzige Pflänzchen, allesamt Kopien der Mutterpflanze, und viele »Kinder« hatten sich schon in die Topferde fallen lassen. Um es kurz zu machen – auch wir besitzen nun eine Unmenge Brutblätter (*Kalanchoe daigremontiana*).

Es gibt zwei Arten der pflanzlichen Fortpflanzung bzw. Vermehrung: die sexuelle und die asexuelle, auch vegetative Vermehrung genannt.

Zur sexuellen gehören Samen sowie Bestäubung (anfangs) und Keimung (später). Sie erfordert ein Rendezvous zweier unterschiedlicher Sätze von Erbinformationen (den Pollen der »männlichen« und die Fortpflanzungsorgane der »weiblichen« Pflanze) und erzeugt genetisch einzigartigen Nachwuchs. Es ist ein bisschen wie bei der menschlichen Fortpflanzung, allerdings mit Bienchen und Eichhörnchen.

Den normalen Gelegenheitszimmergärtner mögen die erforderlichen Bedingungen – und die sehr langen Wartezeiten – beim Experimentieren mit Samen etwas abschrecken. Die meisten Leute möchten ihre Pflanzen einfach vermehren – und kein Scheitern riskieren.

Pflanzen sind magisch, weil sie über Zellen verfügen, die sich problemlos zu anderen Teilen entwickeln – ein Stängel etwa kann Wurzeln, ein winziges Blatt- oder Wurzelsegment kann Stängel hervorbringen. Darum geht es bei der asexuellen Vermehrung – und in diesem Buch: um einfache, preiswerte und meist schnelle Methoden, Ihre Pflanzenfamilie zu vergrößern.

Wunderbar an der asexuellen Vermehrung ist auch, dass man herrlich spontan sein und einen kleinen Teil einer Pflanze mit nach Hause bringen kann: zum Beispiel, wenn man auf Reisen den Ableger einer fremden Pflanze mitgehen lässt (mit Erlaubnis des Besitzers natürlich) oder wenn man von Freunden, Nachbarn oder Verwandten einen schönen Schössling geschenkt bekommt.

Es gibt viele Gründe, sich mit Vermehrung zu befassen: mehr Pflanzen (umsonst), Pflanzen mit einer Vorgeschichte und deshalb mehr Persönlichkeit, und – vielleicht der wichtigste – eine Möglichkeit, mit der Natur verbunden zu sein. Viele von uns hegen für diese organischen Lebensformen, wenn sie wachsen und gedeihen, Gefühle, die wesentlich tiefer gehen als der oberflächliche Wunsch nach einem hübschen Dekor. Pflanzen verkörpern Fortschritt, Optimismus, ja, sogar unser Verlangen, uns einfach am Leben zu erfreuen.

Egal, welche Pflanze Sie vermehren möchten, unsere ausführliche Vermehrungstabelle ab Seite 97 sollte Ihnen helfen, die für sie geeigneten Methoden zu finden. Aufgeführt sind viele Zimmerpflanzen, mit denen wir uns gut auskennen und die auch bei anderen sehr beliebt sind, sowie die jeweils Erfolg versprechendsten Vermehrungsmethoden.

Nützliche Begriffe

Aktivkohle
Feinkörniger Kohlenstoff, filtert schädliche Bakterien und Giftstoffe aus Wasser

Asexuelle Vermehrung
Produziert neue Pflanzen aus existierendem Material der Mutterpflanze, auch vegetative Vermehrung genannt

Ausbrechen
Eine Form des Rückschnitts, das Entfernen junger Triebe oder Triebspitzen, fördert volles, buschiges Wachstum

Ausläufer/Stolo
Ober- oder unterirdisch wachsender verlängerter Seitenspross einer Pflanze

Familie
Eine Gruppe von Pflanzen, die aus einer oder mehreren Gattungen besteht

Gattung
Die der Familie untergeordnete Pflanzengruppe aus einer oder mehreren Arten

Hydroponik
Anzucht und Anbau von Pflanzen in einer mineralischen Nährlösung entweder in Wasser oder einem pflanzsubstratfreien Medium

Kindel
Vollständige mit der Mutterpflanze verbundene Miniaturpflanze, zum Beispiel an Ausläufern

Knoten
Auch Sprossknoten, der Punkt am Stängel, an dem neue Blätter oder Triebe wachsen

Kokosfasern
Saugfähige Fasern aus der Schale der Kokosnuss, als Wachstums- und Wurzelmedium verwendet

Luftwurzel
Eine Wurzel, die in der Luft wächst, um Nahrung und Halt zu finden

Perlit
Leichtes, aufgeblähtes vulkanisches Glas; im Substrat belüftend, wasserspeichernd

Pflanzsubstrat
Wir verwenden den Begriff in diesem Buch für verschiedene Wachstumsmedien aus organischem Material (wie Kokosfasern) plus Sand, Vermiculit oder Perlit sowie teils zusätzlichen Nährstoffen

Rhizom
Eine meist unterirdische Sprossachse, die Wurzeln und Neuaustriebe bilden kann

Ruheperiode
Zwischen Sommerende und Frühlingsanfang, wenn die Pflanze nicht aktiv wächst

Sexuelle Vermehrung
Fortpflanzung durch Samen, Sporen oder Früchte

Sukkulente
Jede an Trockenheit angepasste Pflanze, die Wasser in ihren meist dickfleischigen Blättern oder Stängeln speichern kann

Vegetationsperiode
Die Zeit, in der eine Pflanze aktiv wächst, Blätter und Blüten treibt, in der Regel von Vorfrühling bis Spätsommer

Vermiculit
Ein Mineral, das zur Speicherung von Feuchtigkeit und Nährstoffen im Pflanzsubstrat verwendet wird

Zimmergewächshaus
Anzuchtkasten (für Samen, Stecklinge, Ableger) mit transparentem Deckel, teils beheizt

Tipps für erfolgreiche Vermehrung

1
Wählen Sie kräftige und gesunde Pflanzen aus, schwächliche nur als letzte Option

2
Vermehren Sie während der Vegetationsperiode der Pflanze (in der Regel im Frühling oder Sommer) und möglichst vor mittags

3
Düngen Sie die Pflanze mehrere Monate, bevor Sie sie vermehren

4
Wässern Sie die zu vermehrende Pflanze circa einen Tag zuvor, das gilt vor allem für Sukkulenten

5
Verwenden Sie zum Wässern idealerweise Regen- oder destilliertes Wasser und lassen Sie es vorher Zimmertemperatur annehmen

6
Nicht alle Ableger gedeihen (leider), nehmen Sie also mehr ab, als Sie brauchen

7
Verschaffen Sie Ihrem Pflanzennachwuchs angenehme Temperaturen, in der kälteren Saison eventuell im beheizten Zimmergewächshaus oder auf Heizmatten

8
Recyceln Sie alte Schraubgläser, Plastikflaschen und Take-Away-Schachteln als Anzuchtgefäße

9
Stellen Sie sicher, dass alle Hilfsmittel – vom Messer bis zum Anzuchtgefäß – keimfrei sind

Epiphyllum hooker
10-214

Werkzeuge & Materialien

Messer
Ein spezielles Gartenmesser erlaubt saubere Schnitte, die möglichst wenig Pflanzengewebe schädigen. Sollte Ihnen die Anschaffung zu teuer sein, tut es ein Messer mit sehr scharfer, glatter, sauberer Klinge

Wetzstein
Damit Ihre Gartenmesser und -scheren das ganze Jahr über einsatzbereit sind

Gartenschere
Praktisch für Rückschnitt und Ableger von großen Pflanzen mit holzigem Stamm

Blumenschere
Mit schmalen, spitzen Klingen; unerlässlich für Stecklinge und Rückschnitt

Löffel
Ein einfaches, alltägliches Werkzeug zum Ein- und Umtopfen von Setzlingen

Töpfe
Junge Wurzeln benötigen zum Wachsen nicht viel Platz, nehmen Sie lieber kleine als große Töpfe. Für die meisten Ableger eignen sich Pflanztöpfe aus Plastik, 8 Zentimeter Durchmesser. Achten Sie auf Abflusslöcher!

Anzuchttopf
Den kaufen oder gestalten Sie nach Ihren eigenen Wünschen, mehr auf den Seiten 30–35

Anzuchtschale
Die Schale sollte relativ flach sein und Wasserabflusslöcher haben

Aussaatstempel
Planer Holzklotz, rund oder eckig, zum Verdichten von Hohlräumen im Pflanzsubstrat

Kapillarmatte
Ein saugfähiges Material, das als Auskleidung einer Bewässerungsschale dafür sorgt, dass Ihre Ableger und Setzlinge weder zu viel noch zu wenig Wasser bekommen. Sie können die Matten in Rollen im Gartencenter kaufen oder aber mit einem Handtuch oder Wollfilz experimentieren

Stöcke/Stäbe
Legen Sie sich eine Sammlung von Holzstöckchen und Bambusstäben als Stützen zu

Durchsichtige Plastiktüten
Eignen sich ideal als Haube, um Feuchtigkeit zu halten. Möglichst mehrfach verwenden

Zwirn/Schnur/Gummibänder
Sehr nützlich, um allerlei festzubinden

Gießkanne
Wir bevorzugen Plastikkannen mit Extra-Tülle für extrafeine Berieselung

Kleines Schneidbrett
Unerlässlich als schützende Unterlage beim Zuschneiden der Blätter und Stängel

Sprühflasche
Wir bevorzugen die Plastikvariante mit regulierbarer Düse

Gartenhandschuhe aus Leder
Schützen Ihre Hände vor scharfen Werkzeugen und dornigen Kakteen

Ecothrive Charge
Unser Lieblings-Dünger, aus dem Dung ökologisch gezüchteter Käfer. Alternativ können Sie auch einen anderen Bio-Dünger verwenden

Die besten Gießmethoden

Wenn Sie gesunden Pflanzennachwuchs haben wollen, sollten Sie die Mutterpflanze gut behandeln. Und mit den Setzlingen müssen Sie besonders sanft umgehen, denn zu viel oder zu wenig Wasser, Wärme oder Licht lässt zarte Pflänzchen schnell absterben.

Haben Sie also eine neue Pflanze im Haus, sollten Sie sich über ihren natürlichen Lebensraum informieren. Das hilft Ihnen, die von ihr bevorzugten Licht-, Temperatur- und Feuchtigkeitsverhältnisse zu schaffen. Oft lieben wir eine Pflanze zu Tode, weil wir ihre Bedürfnisse nicht kennen – die meisten ertränken wir.

Das ist nicht sonderlich überraschend, denn viele schöne Blumentöpfe haben keine Drainagelöcher. Wenn eine Pflanze in zu viel Wasser steht, werden die feinen Härchen an ihren Wurzeln geschädigt und können weder Feuchtigkeit noch Nährstoffe aufnehmen. Das Resultat ist ein trauriges, schlaffes Exemplar.

Soll Ihre Pflanze dauerhaft gesund sein, benötigt sie Platz zwischen ihren Wurzeln und dem Topfboden – den verschaffen Sie ihr, indem Sie einen Topf mit Drainagelöchern wählen oder aber eine Drainageschicht aus Kies auf dem Boden verteilen. Etwas Aktivkohle zwischen den Steinchen ist sehr nützlich, um schädliche Bakterien herauszufiltern.

Auch auf der Erde ist eine Kiesschicht hilfreich, denn sie hält die Feuchtigkeit, reduziert die Algenbildung auf dem Substrat von Kakteen und Sukkulenten und hindert außerdem Fliegen daran, ihre Eier im Pflanzsubstrat abzulegen.

Wir raten Ihnen, Ihre Zimmerpflanzen nicht nach einer strikten Routine zu wässern (die natürliche saisonale Schwankungen ignoriert), sondern bei jeder Pflanze das Substrat zu prüfen: Stecken Sie einfach einen Finger

3–5 Zentimeter tief hinein. Wir machen es einmal wöchentlich, am Samstag oder Sonntag (die Erinnerungsfunktion der Handys ist da ganz brauchbar).

Tropische Pflanzen, auch Regenwaldkakteen, mögen feuchte, aber keine tropfnasse Erde. Wir finden Bewässerungskugeln – aus Glas oder Plastik, die mit dem Röhrenende in das Pflanzsubstrat gesteckt werden und graduell wässern – sehr praktisch, um die Wassermenge zu regulieren und zu verhindern, dass die Pflanze »ersäuft«. Sonst sollten tropische Pflanzen nur Wasser bekommen, wenn sich die oberen 3 Zentimeter Substrat staubtrocken anfühlen.

Wüstenkakteen und Sukkulenten mögen dann und wann einen üppigen Guss, dem eine Dürrephase folgen sollte. Lassen Sie das Pflanzsubstrat also völlig austrocknen, bevor Sie das nächste Mal gießen.

Egal, ob Tropen- oder Wüstenpflanze, wenn sich Substratstellen noch feucht anfühlen, sollten Sie noch nicht wässern. Und ein paar Stunden nach jedem Gießen sollte der Untersetzer geleert werden.

Regenwasser ist ideal – Ihre Pflanzen erleiden dann von den Kalkablagerungen im Leitungswasser keinen Kalkschaden. Sie können den Regen in einem Gefäß vor dem Haus oder auf dem Fensterbrett sammeln, Ihre Pflanzen und Pflänzchen werden es Ihnen danken.

Nehmen Sie zum Gießen möglichst Wasser mit Zimmertemperatur, Sie können die Kanne einfach ein paar Stunden im Raum stehen lassen. Frische, noch wurzellose Ableger sollten Sie von unten oder mit einer Sprühnebeltülle gießen, sonst riskieren Sie, sie aus der Erde zu reißen.

Die optimale Gießzeit ist morgens, wenn die Pflanze besonders aktiv ist und die Feuchtigkeit am besten aufsaugen und verteilen kann.

Abfall vermeiden & recyceln

Massenproduktion und Verschwendungssucht sind Probleme, die immer offenkundiger werden – und uns, wie auch die meisten unserer Freunde und Kunden, bei unseren tagtäglichen Entscheidungen beeinflussen.

Pflanzen zu vermehren und mit anderen zu tauschen, ist viel befriedigender, als sie nur zu kaufen. Beim Kauf weiß man nie, wie sich die Reise der Pflanze ins eigene Haus auf unseren Planeten auswirkt – zieht man sie selbst, ist der negative Effekt praktisch gleich null.

Die Vermehrung ist überhaupt eine wunderbare Möglichkeit, Abfall zu vermeiden: Anstatt beim Schnitt gesunde Stängel und Triebe wegzuwerfen, verwandelt man sie in neue Pflänzchen, die man verschenken – oder schlicht horten – kann. Oder man rettet seine kränkelnde, von Wollläusen befallene Lieblingspflanze vor der Mülltonne, indem man einen gesunden Steckling oder Ableger nimmt und so eine kräftige Kopie entstehen lässt.

Plastik kann man selbst in der Welt des Gärtnerns kaum vermeiden. Für uns ist es wichtig, altes Material möglichst erfinderisch einem neuen Zweck zuzuführen, damit wir nicht unsinnig mehr Plastik anschaffen. Die Verpackungen von Pilzen und Obst liefern praktische Anzuchtgefäße, in Glas- oder Plastikflaschen kann man Stecklinge wurzeln lassen und Marmeladengläser haben genau die richtige Größe, um mit keimenden Samen tropischer Früchte zu experimentieren.

Reinigen Sie recyceltes Material mit heißem Wasser und Spülmittel und spülen sie es dann mit klarem Wasser gründlich aus. So bleiben weder schädliche Bakterien noch Spülmittelreste zurück.

Wir glauben fest daran, dass wir mit dem Ziehen unseres eigenen Grüns den Einschränkungen und Belastungen des Stadtlebens etwas Sinnvolles entgegensetzen können. Und wenn wir uns bemühen, die gesamte Umwelt dabei zu schonen, ist der Erfolg umso befriedigender.

CHINGS
370g

Bewurzeln

Das Leben beginnt an dem Tag, an dem du einen Garten pflanzt.

Chinesisches Sprichwort

Die ideale Umgebung zum Bewurzeln

Wenn Sie die Umweltbedingungen (siehe nächste Seite) Ihres frischen Stecklings steuern, verbessern Sie seine Chancen auf schnelle Wurzelbildung und kräftigen Wuchs. Das gilt besonders für abgetrennte Pflanzenteile, die den Verlust von Feuchtigkeit nur bedingt ersetzen können und Ihre Hilfe brauchen, um ein Wurzelsystem zu treiben. Oder aber, wenn die Raumtemperatur bei Ihnen zu Hause unter der idealen Wurzeltemperatur von etwa 21 °C liegt, vor allem wenn Sie während der kalten Monate Pflanzen vermehren wollen.

Mit einem Anzuchtgefäß können Sie die rechts aufgelisteten Faktoren regulieren. Für viele Step-by-Step-Methoden, die wir Ihnen noch vorstellen, benötigen Sie eines, entweder einen gekauften Anzuchtkasten, einen einzelnen Topf plus Plastiktüte, einen recycelten Behälter oder ein selbst gebautes Mini-Gewächshaus (mehr dazu ab Seite 30). Probieren Sie ein paar Varianten aus, um diejenige zu finden, die für Ihre Bedürfnisse die richtige ist – Hauptsache sie ist steril, stabil und gut drainiert.

Vergessen Sie nicht, die jungen Pflänzchen besonders sanft zu behandeln, extreme Feuchtigkeit, Wärme oder Licht vertragen sie nicht. Und stören Sie sie in den ersten Monaten so wenig wie möglich.

Substratfeuchte

Die besten Gießmethoden haben wir auf den Seiten 18–21 umrissen, wesentlich für die optimale Feuchtigkeit ist aber auch das optimale Pflanzsubstrat. Sie brauchen ein nährstoffarmes Substrat, das locker ist, die Pflanze gut stützt und dabei die Feuchtigkeit hält, ohne Staunässe aufkommen zu lassen. Das klingt komplizierter, als es ist. Unsere einfachen Rezepte für selbst gemachtes Anzuchtsubstrat finden Sie auf den Seiten 40–41.

Luftfeuchtigkeit

Ableger tropischer Pflanzen profitieren von einer feuchten Umgebung, die ihrer natürlichen so ähnlich wie möglich ist. Bedecken Sie sie deshalb mit einer transparenten Haube, zum Beispiel einer Plastikflasche mit abgeschnittenem Boden oder einer Plastiktüte – wichtig sind kleine Löcher in der Haube, damit die Luft zirkulieren kann. Wüstenkakteen und Sukkulenten brauchen keine Haube, sie wurzeln auch in trockener Umgebung.

Licht

Die meisten Jungpflanzen brauchen viel helles, indirektes Licht. Wenn das Sonnenlicht zu stark ist, Blättchen verbrennt oder austrocknet, bedecken Sie die Pflanze zeitweise mit einem durchscheinenden Schattenspender wie einem zarten Stoff oder Wachspapier. Ist das natürliche Licht zu schwach, können Sie Wachstumslampen einsetzen, wir haben damit vor allem bei tropischen Stecklingen und Sämlingen gute Erfahrungen gemacht.

Temperatur

Der wichtigste Faktor für die Bewurzelung ist die Temperatur des Pflanzsubstrats. Generell ist eine beständige Raumtemperatur von 21 °C ideal, nachts sollte sie nicht unter 12 °C fallen. Wenn es bei Ihnen kühler als 15 °C ist, sollten Sie in einen beheizten Anzuchtkasten investieren – er hilft, die Luftfeuchtigkeit zu erhöhen und die ideale Temperatur zu erreichen. Wir empfehlen einen Kasten mit Thermostat zur besseren Kontrolle, Billigmodelle überhitzen leicht. Und natürlich Gießen mit zimmerwarmem Wasser.

ANZUCHT-GEFÄSSE

Gehen wir mal davon aus, dass Pflanzen Menschen glücklich machen und dass man sich die Hände schmutzig machen muss, um sich mit der Natur eins zu fühlen – dann ist ein selbst gemachter Anzuchtkasten (im Grunde ist er ein Mini-Gewächshaus) die Wurzel allen Gärtnerglücks. Und spottbillig ist er außerdem.

Es gibt mehr als eine Methode, einen effektiven Anzuchtkasten zu machen, und deshalb zeigen wir Ihnen keine detaillierte Anleitung oder Bilder für nur einen Entwurf, sondern haben Fotos diverser Anzuchtkästen, selbst gemachter wie fertig im Laden gekaufter, im gesamten Buch verteilt. Wir hoffen, Sie so zum lustvollen Improvisieren mit Materialien, die Sie bereits im Haus haben, anzuregen.

Und jetzt zum praktischen Teil: Berücksichtigen Sie die Größe Ihrer Jungpflänzchen. Die Normalgrößen der Plastikschalen, in denen Obst oder Salat verkauft werden, eignen sich hervorragend für größere Stecklinge, kleinere Schalen (z. B. von Himbeeren) für Sämlinge.

Sie brauchen auch eine Abdeckung: Wenn Sie es schlicht halten möchten und einen einfachen Pflanztopf als Basis verwenden, können Sie einen Teil einer aufgeschnittenen Plastikflasche nehmen, oder Sie stülpen eine durchsichtige Plastiktüte über eine Stütze, zum Beispiel einen kurzen Bambusstab.

Denken Sie daran, dass Drainagelöcher unerlässlich sind, damit Sie die zarten Pflänzchen von unten wässern können, ohne sie direkt zu benetzen oder das Pflanzsubstrat zu durchweichen. Falls Sie in Ihr Basisgefäß keine Drainagelöcher machen können, empfehlen wir Ihnen, oft aber wenig mit einer Sprühflasche zu wässern und unter das Substrat eine Schicht aus Drainagekies zu legen, damit die neuen Wurzeln nicht anfaulen.

Um herauszufinden, welcher Platz bei Ihnen zu Hause der optimale Standort für Ihren neuen Anzuchtkasten ist, sollten Sie spätestens jetzt die Seiten 28–29 über die idealen Umweltbedingungen lesen.

ein paar Handvoll Drainagekies
Holz- oder Plastikbehälter, wenigstens 5 Zentimeter tief - das kann auch eine im Laden gekaufte Anzuchtschale sein
Blumenschere oder Spieß
Pflanzsubstrat (siehe Seiten 40–41)
Aussaatstempel (optional)
Sprühflasche
transparente Plastiktüte oder abgetrennter Boden einer Plastikflasche
dünne Bambusstäbe, Holzstäbchen oder andere feste Stützen und gegebenenfalls Steine zum Fixieren
Wachstumslampe (optional)
Zwirn, Bindfaden oder Gartenschnur

1 Reinigen Sie zuerst alle Materialien gründlich, um sie von Bakterien zu befreien. Wenn Sie Drainagekies aus dem Freien verwenden, auch diesen abwaschen.

2 Hat Ihr recycelter Behälter keine Drainagelöcher, stechen Sie mit einer Blumenschere oder einem Spieß mehrere kleine Löcher in den Boden. Füllen Sie den Behälter mit Pflanzsubstrat und verdichten Sie mit dem Aussaatstempel sanft die Hohlräume im Substrat. Besprühen Sie die Oberfläche mit Wasser, das Substrat soll sich feucht anfühlen, aber nicht tropfnass.

3 Wenn Sie eine Plastiktüte als Haube verwenden, legen Sie die Tüte so vor sich, dass die Öffnung zu Ihnen weist. Verteilen Sie dann Drainagekies in der Tüte, er soll später überschüssige Feuchtigkeit aufnehmen. Schieben Sie den Behälter vorsichtig in die Tüte auf den Kies.

4 Schneiden Sie die Bambus- bzw. Holzstäbchen auf die doppelte Länge der Ableger zu, die Sie nehmen wollen, wenigstens aber 20 Zentimeter lang. Stecken Sie einen Stab in jede Ecke des Behälters und achten Sie darauf, dass die Stäbe fest und aufrecht stehen, sie sollen die Plastikhaube stützen, damit sie nicht absinkt und auf die Pflänzchen drückt. Gegebenenfalls können Sie die Stäbchen mit einem Stein aufrecht fixieren.

5 Machen Sie für die Luftzirkulation ein paar kleine Schnitte in das Dach der Plastiktüte. In der Regel sollte das Mini-Gewächshaus nicht im direkten Sonnenlicht stehen, sonst trocknet das Pflanzsubstrat aus. Gegebenenfalls können Sie nun eine Wachstumslampe etwa 30 Zentimeter über dem Anzuchtkasten positionieren. Welche Vermehrungsmethode sich für welche Pflanzen eignet und wie die Ableger dann am besten behandelt werden, erklären wir Ihnen später.

6 Nachdem Sie die Ableger in das Pflanzsubstrat gesetzt haben, können Sie die Öffnung der Tüte mit Zwirn, Bindfaden oder Gartenschnur zubinden, oder Sie stecken die losen Enden unter den Behälter. So können Sie die Haube problemlos öffnen, wenn es Zeit zum Wässern ist. Prüfen Sie mit einer sauberen Fingerspitze, wie feucht das Substrat ist, es sollte sich nie durchweicht anfühlen. Wenn Sie glauben, das Substrat sei zu trocken, verteilen Sie das Wasser mit der Sprühflasche auf den Drainagesteinen, nicht von oben auf das Substrat.

7 Versuchen Sie in den ersten Monaten, die Pflänzchen so wenig wie möglich zu stören. Achten Sie darauf, dass die Luft gut zirkuliert, damit sich kein Schimmel bildet. Pflänzchen, die verfault aussehen oder sich gelb färben, können Sie vorsichtig herausziehen, auch von Schimmel befallenes Pflanzsubstrat sollten Sie entfernen.

Abhärten & umtopfen

Das Abhärten ist der Akklimatisierungsprozess der jungen, frisch bewurzelten Ableger an ihre direkte Umgebung. Es geschieht langsam, damit die Pflänzchen durch einen plötzlichen Umschwung keinen Schock erleiden.

Ein paar Monate nach dem Pflanzen Ihrer Ableger sollten Sie die ersten Anzeichen neuen Wachstums erkennen können, erste junge Triebe, die aus dem Stängel oder dem Pflanzsubstrat um die Basis wachsen.

Nun können Sie mit dem Abhärten beginnen, indem Sie die Plastikhaube öffnen. Machen Sie das schrittweise. Eine Tüte öffnen Sie über mehrere Tage lang immer etwas weiter. Wenn Sie einen Anzuchtkasten mit festem Deckel haben, können Sie einen Stein zwischen Kasten und Deckel klemmen. Solange die Pflänzchen gesund aussehen, nicht welken oder die Farbe verändern, können Sie sicher sein, dass sie sich gut akklimatisieren.

Vor dem Umtopfen sollten Sie das umgebende Pflanzsubstrat mit der Sprühflasche wässern. Heben Sie das Pflänzchen samt etwas Substrat vorsichtig mit den Fingern oder einem Löffel heraus und setzen Sie es in seinen neuen, schon mit Pflanzsubstrat gefüllten Topf. Drücken Sie das Pflanzsubstrat gut an, damit der Setzling Halt hat.

Lassen Sie die umgetopften Pflänzchen wenigstens ein paar Wochen am alten Ort stehen, damit sie nicht einem plötzlichen Wechsel von Licht und Temperatur ausgesetzt werden. Bevor Sie sie endgültig umstellen, sollten Sie ihnen noch ein paar Wochen gönnen. Falls sie dann welken oder sich dramatisch verfärben, denken Sie über ihre Bedürfnisse nach, falls nötig, stellen Sie sie noch einmal unter eine Haube, bis sie kräftiger sind.

Wurzelbeschleuniger

Eine Pflanze lagert in ihren meisten Teilen Wachstumshormone, die sie bei Bedarf aktiviert, damit sie ihr helfen, neue Wurzeln auszubilden.

Es ist zwar nicht immer nötig, aber wir benutzen zum Beschleunigen der Wurzelbildung oft natürliche Wirkstoffe. Die haben antibakterielle Eigenschaften und regen daher den Wurzelprozess an. Auf diese Weise überleben mehr Stecklinge – denken Sie trotzdem daran, mehr abzunehmen, als Sie eigentlich brauchen.

Manche Pflanzen – wie Sukkulenten, die selbst unter unwahrscheinlichsten Bedingungen Wurzeln treiben – brauchen keine extra Wurzelhormone. Anderen, wie Pflanzen mit holzigem Stamm, tun sie dagegen gut.

Wir kaufen Wurzelpulver ungern im Laden. Selbst viele als »natürlich« ausgewiesene bestehen größtenteils aus Talkum, andere enthalten synthetische Chemikalien, was bei essbaren Stecklingen wie Kräutern recht unappetitlich ist. Aber sie sind effektiv und praktisch – wenn Sie möchten, verwenden Sie sie ruhig.

Wenn Sie sich für ein Wurzelpulver aus dem Laden entscheiden, stecken Sie die abgeschnittenen Stängel nicht in die Pulverdose – falls an der Schnittstelle Bakterien haften, wird das Pulver verunreinigt –, nehmen Sie lieber mit der Messerspitze oder einem Löffel etwas Pulver auf. Das Pulver darf nur an der Schnittstelle haften bleiben, klopfen Sie überschüssiges ab – zu viel Pulver kann das Wurzelwachstum sogar hemmen.

Zimt

Gemahlener Zimt ist ein mildes Fungizid und schützt die Stecklinge vor Pilzen und Bakterien. Tupfen Sie gleich nach dem Abschneiden einfach ein bisschen Zimt auf die Schnittstelle des Stecklings und setzen Sie ihn dann in Ihr Anzuchtsubstrat.

Zimt eignet sich auch als natürliches Pestizid. Dazu kochen Sie etwas Wasser auf und gießen es zum Abkühlen in ein Kännchen. Wenn es nur noch warm ist, geben Sie 1 Teelöffel gemahlenen Zimt hinein. Lassen Sie die Mischung über Nacht ruhen. Dann seihen Sie sie in eine Sprühflasche ab und besprühen Stängel, Blätter oder Pflanzsubstrat der kränkelnden Pflanze.

Honig

Honig hat antibakterielle Eigenschaften, außerdem soll er Enzyme enthalten, die das Wurzelwachstum fördern. Tunken Sie die Schnittstellen der Stecklinge vor dem Einsetzen in etwas Honig. Sie können auch Wasser aufkochen, vom Herd nehmen, Honig darin auflösen und das abgekühlte Gebräu in das Pflanzsubstrat oder in das Wasser geben, in dem Ihr Steckling wurzeln soll.

Weidentee

Weiden haben etwas Geheimnisvolles, sind tief in der Mythologie verwurzelt und liefern seit dem Mittelalter Heilmittel. Ihre Rinde hat pilzabtötende Eigenschaften sowie einen hohen Gehalt an Wurzelhormonen.

Schneiden Sie von den jüngsten Trieben eines Baums der Weiden-Familie (*Salix*) etwa sechs 10 Zentimeter lange Stücke ab. Entfernen Sie alle Blätter und kürzen Sie die Triebe auf 2–3 Zentimeter. Geben Sie sie in eine Kanne mit frisch aufgekochtem Wasser und lassen Sie den Tee ein paar Tage ziehen. Seihen Sie ihn in eine Flasche ab. Im Kühlschrank oder an einem dunklen, kühlen Ort aufbewahrt hält sich der Tee einen Monat.

Ihre Stecklinge können Sie einfach mit den Schnittflächen in den wurzelanregenden Tee eintauchen, Ausläufer können Sie mithilfe einer Pipette mit ein paar Tröpfchen befeuchten.

Selbst gemachtes Anzuchtsubstrat

Für die Anzucht von Stecklingen braucht man ein Spezialsubstrat, das den treibenden Wurzeln ein steriles Milieu mit guter Drainage und etwas Raum zum Atmen bietet.

Hauptbestandteil der Rezepte sind Kokosfasern, um die Feuchtigkeit zu regulieren, sowie Vermiculit oder Sand, um den Wurzeln den nötigen Raum zu geben.

Mischen Sie einfach so viel Substrat, wie Sie brauchen. Wir setzen meistens viele Stecklinge an einem Tag ein und mixen unser Pflanzsubstrat in einer großen Plastikbox, in der wir den Überschuss – kühl und dunkel – lagern. Als Maßbecher nehmen wir übrigens eine Tasse.

Beim Eintopfen sollten Sie das Pflanzsubstrat andrücken – aber nicht zu fest. Ihre Stecklinge sollen nicht umfallen, das Substrat muss aber locker genug sein, um Luft zirkulieren zu lassen. Sie können Hohlräume mit einem Aussaatstempel verdichten oder den Topf einfach ein paar Mal sanft auf eine harte Unterlage klopfen.

Beim Umtopfen oder Teilen einer Pflanze, die schon ein Wurzelsystem gebildet hat, sollte man ein Pflanzsubstrat verwenden, das dem originalen gleicht, denn Pflanzen mögen es nicht, von einem Substrat in ein ganz anders geartetes versetzt zu werden. Stecklinge oder wurzellose Ableger sind dagegen anpassungsfähig.

Wenn Sie nicht selbst mischen möchten, finden Sie in Gartencentern und Onlineshops Anzuchterden. Achten Sie beim Kauf auf torffreie Bio-Erden, die umweltverträglich sind.

Tropische Zimmerpflanzen: Stecklinge und Schösslinge

Urgesteinsmehl und Wurmerde enthalten wichtige Mineralien, die diesem Pflanzsubstrat dauerhaft Nährsubstanzen liefern – und der Pflanze guttun.

7 Teile Kokosfasern
1 Teil Wurmerde/Regenwurmhumus
2 Teile Vermiculit
1 Prise Urgesteinsmehl (optional)
1 Spritzer Ecothrive Charge oder anderer Bio-Dünger (optional)

Geben Sie alle Zutaten zusammen und vermischen Sie sie gut. Zum Umtopfen und Teilen tropischer Zimmerpflanzen verwenden Sie zwei Teile Wurmerde.

Kakteen und andere Sukkulenten

Das geeignete Medium zum Ein-, Umtopfen und Vermehren aller Sukkulenten.

1 Teil Kokosfasern
1 Teil scharfer Sand oder Perlit

Vermischen Sie die Zutaten gut. Beim Umtopfen müssen Sie auf gute Drainage achten – das Pflanzgefäß braucht Drainagelöcher oder eine Kiesschicht unter dem Medium, der Sie 1 Teelöffel Aktivkohle beimischen.

In Wasser bewurzeln

Einen Steckling in Wasser zu bewurzeln, ist wohl die einfachste und preiswerteste Vermehrungsmethode – außerdem ideal für den Neuauftritt alter Einmachgläser.

Alle Pflanzen brauchen zum Überleben Sauerstoff, Wasser und Nährstoffe sowie eine Stütze in Form eines Anzuchtmediums. Für Zimmerpflanzen verwendet man traditionellerweise Pflanzsubstrat, Sand, Kokosfasern oder eine Kombination dieser drei. Die Hydrokultur verzichtet auf diese Anzuchtmedien – die Pflanze zieht Sauerstoff und Nährstoffe aus dem Wasser und wird vom Gefäß gestützt.

Zu den Pflanzen, die in Wasser gut Wurzeln treiben, zählen Kletterpflanzen wie Gemeiner Efeu (*Hedera helix*), Efeutute (*Epipremnum aureum*) und Kletter-*Philodendron* (*Philodendron scandens*), ebenso Rotblatt (*Tradescantia pallida*), Dieffenbachien, Begonien sowie *Rhipsalis*-Arten. Auch Kräuter wie Basilikum, Minze und Rosmarin gedeihen in Wasser prächtig.

Triebstecklinge schneiden Sie direkt unter einem Sprossknoten ab – mehr dazu unter Schritt 2 auf Seite 58. Entfernen Sie die Blätter am unteren Teil, der ins Wasser taucht, sonst bilden sich Bakterien an ihnen. Und denken Sie daran, das Wasser wenigstens einmal die Woche aufzufrischen, damit keine Algen wachsen. Sie können einen wasserlöslichen Wurzelbeschleuniger verwenden (siehe Seiten 36–39) und außerdem einen Teelöffel reinigende zerstäubte Aktivkohle zugeben.

Das Gefäß muss vor allem eins sein: wasserdicht. Ein undurchsichtiges hemmt das Algenwachstum – was heißt, dass Sie das Wasser nicht so oft auffrischen müssen. Wir bevorzugen klares Glas, damit wir das Treiben der Wurzeln verfolgen können. Bei diesem staunenswerten Vorgang zuzusehen, der normalerweise im Verborgenen bleibt, macht alles noch magischer. Wir raten Ihnen zu einem Gefäß, das nicht zu groß ist – die Wurzelhormone, die der Steckling freisetzt, sind unverdünnt besonders effektiv.

Übrigens: Auf Seite 64 zeigen wir Ihnen einen Wurzelkragen, der Ihren Steckling stützt.

Sie können den Steckling auf Dauer in Wasser wachsen lassen, das hat durchaus seine Vorteile: Sie verzichten mit dem Pflanzsubstrat auf das Medium, in dem Schädlinge und Bakterien gedeihen. Und müssen sich – hurra! – nie wieder fragen, ob Sie richtig gegossen haben. Die Pflanze saugt einfach so viel Feuchtigkeit auf, wie sie braucht. Sie geben ihr ab und an noch Flüssigdünger.

Falls Sie eine Pflanze in Wasser bewurzeln, sie aber nicht auf Dauer so gedeihen lassen wollen, müssen Sie irgendwann aktiv werden. Hydrokultur-Stecklinge bilden Wasserwurzeln aus, die anders aussehen und funktionieren als Erdwurzeln, denn sie sind speziell daran angepasst, Sauerstoff aus dem Wasser zu absorbieren. Wenn die Wurzeln etwa 2–3 Zentimeter lang sind, müssen Sie den Steckling deshalb in angefeuchtetes Pflanzsubstrat umsetzen. Falls sie im Wasser schon länger gewachsen sind, können Sie sie aber auch einfach zurückschneiden und warten, bis sie wieder die optimale Länge erreicht haben.

Beim Eintopfen drücken Sie mit dem Finger oder einem Bleistift ein Loch in das Pflanzsubstrat, damit die Wurzeln nicht verletzt werden. Eine angeschlagene Pflanze welkt schnell und geht wahrscheinlich ein.

Stecklinge

Ich habe oft Fragmente von Objekten gemalt, sie schienen mir genauso viel oder mehr auszudrücken als das Ganze.

Georgia O'Keefe

Rose und ich sind ständig auf der Suche nach ungewöhnlichen Arten, um unsere Zimmerpflanzensammlung zu vergrößern. Dabei finden wir es viel befriedigender, einen kleinen Steckling selbst großzuziehen – vor allem wenn er ein Geschenk war –, als einfach eine große Pflanze zu kaufen.

Genauso befriedigend – und in unserem Fall lebenswichtig, weil unser Dschungel uns sonst überwuchert – ist es, wenn Freunde zu Besuch kommen und Stecklinge mit nach Hause nehmen. Es ist fantastisch, das Foto einer irgendwie vertrauten Pflanze zu bekommen, die den Umzug in die neue Heimat prächtig überstanden hat.

Unter Ablegern stellen sich viele Leute schlicht einen Stängel mit Blättern vor, den sie abschneiden und in das Pflanzsubstrat stecken. Die Methode ist wirklich effektiv, aber viele Zimmerpflanzen tun sich als Stecklinge schwer. Solche mit verholztem Stamm wie *Yucca*, Drachen- oder Gummibaum wurzeln nur langsam und kränkeln schnell, wenn die Umweltbedingungen nicht optimal sind.

Aber keine Sorge, es gibt diverse den Bedürfnissen der verschiedenen Zimmerpflanzenfamilien angepasste Methoden, Stecklinge zu vermehren – über Wurzeln, Blätter oder Triebe.

Jede Pflanze hat Hormone, die ihre Bewurzelung und ihr Wachstum steuern. Diese Hormone kommen in den verschiedenen Teilen der Pflanze in unterschiedlicher Konzentration vor. In jungen Trieben sind erheblich mehr Hormone als in älteren, deshalb empfiehlt es sich, Stecklinge von diesen frischen, aktiven Teilen zu nehmen. Jungtriebe sind meistens hell und leuchtend grün, sie sind am unteren Teil der Pflanze oder außen, wo sie sich verzweigt, zu finden.

Das heißt aber nicht, dass man ältere Triebe nicht vermehren könnte – sie erfordern nur etwas mehr Aufwand und wurzeln manchmal langsamer. Das Gute ist, dass man dünne, lange oder alte, widerborstige Stängel oder Zweige ohnehin gerne kürzt, um eine Pflanze in Form zu bringen, vor allem wenn ihr Standort im Regal oder auf dem Schreibtisch keinen Wildwuchs erlaubt. Da das Schneiden oder Abzwicken älterer Teile bei einer voll entwickelten Pflanze frisches Wachstum anregt, tut das Abnehmen von Trieben ihr sogar gut. Mehr zum Pflanzenschnitt finden Sie auf den Seiten 170–173.

Wir beschreiben Ihnen bei jeder Methode genau, wann, wie und wo Sie Ihre Stecklinge abnehmen sollten. Grundsätzlich gilt es, Folgendes zu beachten: Denken Sie daran, die Pflanze möglichst ein bis zwei Tage vor dem Abnehmen der Stecklinge zu wässern, und wenn Sie sie ein paar Wochen vorher düngen, geben Sie Ihren Ablegern die beste Chance, ein gesundes Wurzelsystem auszubilden. Ein Wurzelbeschleuniger kann auch nicht schaden, mehr dazu finden Sie auf den Seiten 36–39.

Kopfstecklinge

Wenn es schnell gehen soll, sind Trieb- oder Weichholzstecklinge die beste Art, Pflanzen zu vermehren – deshalb eignen sie sich auch hervorragend als Geschenke. Mit dieser Methode lassen sich viele Zimmerpflanzen vermehren, wie etwa die meisten verzweigten Sukkulenten, Waldkakteen, Kletterpflanzen und größere tropische Gattungen wie *Monstera* oder Drachenbaum.

Den Stängeln auf diese Weise einen Formschnitt zu verpassen, nutzt sowohl Ihnen als auch Ihrer Pflanze – Sie bekommen einen Neuling für Ihre Sammlung, Ihre Mutterpflanze antwortet mit dem Austrieb neuer Sprosse an anderen Stellen, wird voller und kräftiger. Bei einer staksigen Sukkulente zum Beispiel können Sie einfach den Hauptstängel abschneiden und als Steckling einsetzen. Die Schnittstelle verhärtet auf geradezu magische Weise, und aus dem skurril aussehenden Stumpf treiben an den Seiten meist zwei kräftige neue Stängel. Und schon haben Sie zwei gesunde Sukkulenten.

Haben Sie keine Zeit, Ihren Kopfsteckling sofort einzupflanzen, können Sie ihn in einem Glas mit Wasser bewurzeln. Denken Sie nur daran, dass er in Substrat umgesetzt werden muss, sobald sich die Wurzeln zeigen. Mehr dazu finden Sie auf den Seiten 42–45.

Wenn Sie auf einer Reise eine Pflanze entdecken, von der Sie unbedingt einen Kopfsteckling nehmen möchten, den Sie aber nicht sofort eintopfen können, steigern Sie seine Überlebenschancen, indem Sie die Schnittstelle feucht halten. Wickeln Sie den Stängel in nasses Küchenpapier und bedecken Sie das Papier dann mit wasserdichter Alufolie. Alternativ können Sie den Stängel auch in einer Plastikflasche mit ein paar Zentimetern Wasser nach Hause transportieren. Denken Sie daran, dass er Luft, die richtige Temperatur und Licht braucht.

Tropische Kopfstecklinge

Töpfe, Untersetzer und Drainagekies
Sprühflasche
Pflanzsubstrat für tropische Zimmerpflanzen (siehe Seiten 40–41)
Aussaatstempel (optional)
scharfes, steriles Messer, Garten- oder Blumenschere
Wurzelbeschleuniger (siehe Seiten 36–39)
Messer oder Löffel
Pikierholz oder Bleistift
transparente Plastiktüte
dünne Bambusstäbe, Holzstäbchen oder andere feste Stützen
Zwirn, Bindfaden oder Gartenschnur

Wenn Sie eine volle, üppige Pflanze möchten, können Sie mehr als einen Steckling in einen Topf setzen. Relativ großen Stecklingen wie denen der *Monstera deliciosa* auf dem Foto rechts sollten Sie einen eigenen Topf gönnen. Hat die Pflanze sehr große Blätter, helfen Sie ihr, die Feuchtigkeit zu halten, indem Sie die Blätter bis zur Hälfte einkürzen. Näheres über die Bewurzelung, den perfekten Standort Ihrer Stecklinge und das Abhärten finden Sie auf Seite 35.

1 Weiche Stängel von Pflanzen verlieren schnell Feuchtigkeit und sind anfällig für Bakterien, deshalb sollten Ihre Töpfe vorbereitet sein, bevor Sie Stecklinge schneiden.

Geben Sie Kies in die Untersetzer und füllen Sie die Töpfe mit angefeuchtetem Anzuchtsubstrat. Mit dem Aussaatstempel oder durch Klopfen der Töpfe auf eine Unterlage das Substrat verdichten. Besprühen Sie seine Oberfläche mit etwas Wasser.

2 Alte, dicke Stängel brauchen meist länger zum Bewurzeln und gehen deshalb häufig ein. Am besten nehmen Sie junge, biegsame Triebe – sie dürfen aber nicht so jung sein, dass sie beim Biegen knicken.

Suchen Sie die Sprossknoten – das sind die Punkte am Hauptstängel, an denen Seitenstängel und -triebe wachsen (Beispielfoto auf Seite 52). Schneiden Sie mit einem sauberen Messer oder einer Schere direkt unter dem Knoten – dort werden die Wurzeln austreiben. Schneiden Sie mehr Stängel, als Sie eigentlich brauchen.

3 Schneiden oder zwicken Sie alle Blätter und Seitentriebe bis auf einige Blätter an der Spitze von Ihrem Steckling ab. So lässt er sich mit der Schnittstelle einfacher in das Pflanzsubstrat setzen. Außerdem bleibt Ihrem Steckling dann viel mehr Energie zum Bewurzeln.

4 Geben Sie etwas Wurzelbeschleuniger auf eine saubere Messerspitze oder einen Löffel und tupfen Sie ihn auf die Schnittfläche des Stecklings. Der Beschleuniger sollte nur mit der Schnittfläche in Kontakt kommen, falls Sie ein Pulver nehmen, klopfen Sie überschüssiges sanft ab.

5 Drücken Sie mit einem Pikierholz, Finger oder Bleistift ein Loch, etwa halb so tief wie der Topf, in das Substrat – gerade tief genug, damit Ihr Steckling aufrecht steht. Setzen Sie ihn hinein und häufeln Sie etwas Pflanzsubstrat um den Stängel an.

6 Setzen Sie jeden Topf auf einen Untersetzer in eine Plastiktüte, verwenden Sie Bambus- oder andere Stäbe als Stütze (siehe Seite 30–35) und binden Sie die Tüte locker mit einer Schnur zu. Stechen Sie noch ein paar Löcher für die Luftzirkulation. Die Stecklinge bleiben unter der Haube, bis sie bewurzelt sind. Das dauert einige Wochen.

Sukkulenten-Kopfstecklinge

scharfes, steriles Messer, Garten- oder Blumenschere
Töpfe, Untersetzer und Drainagekies oder selbst gemachtes Anzuchtgefäß (siehe Seiten 30–35) bzw. gekaufter Anzuchtkasten
Kakteen und Sukkulenten-Pflanzsubstrat (siehe Seiten 40–41)
Stöckchen oder Bambusstab, Blumendraht oder Haarklemmen (optional)
Sprühflasche

Die Stängelstruktur hängender Sukkulenten, vor allem die der Gattung *Rhipsalis*, variiert von Art zu Art stark. Wenn Sie keine Sprossknoten (die Stellen am Hauptstängel, an denen Seitenstängel und -triebe wachsen) erkennen können, versuchen Sie es mit der Blattstückmethode, die wir auf den Seiten 91–93 am Beispiel von *Epiphyllum phyllanthus* beschreiben.

Wenn Sie eine staksige Sukkulente erneuern möchten, zupfen Sie zuerst alle unteren Blätter ab und legen Sie diese für die auf den Seiten 84–87 beschriebene Sukkulenten-Blattvermehrung beiseite. Dann trennen Sie den oberen Teil der Pflanze, an dem noch einige Blätter stehen, ab und setzen Sie ihn wie einen Kopfsteckling in frisches Pflanzsubstrat (siehe unten).

1 Suchen Sie die Sprossknoten und nehmen Sie den Steckling mit einem sauberen, schrägen Schnitt ab – schneiden Sie wenigstens drei Knoten oder 10 Zentimeter unter dem Blatt. Die Wurzeln treiben direkt unter einem Knoten aus, deshalb setzen Sie dort den Schnitt an.

2 Bei Kakteen, Sukkulenten oder anderen sehr saftigen Pflanzen müssen die Schnittenden vor dem Eintopfen verhärten, damit keine Bakterien eindringen. Lassen Sie die Stecklinge im Haus auf einer sauberen, trockenen Unterlage ohne direktes Sonnenlicht circa eine Woche, wenigstens drei Tage, liegen.

3 Sind die Schnittenden verhärtet, bereiten Sie die Töpfe vor. Für eine vollere Pflanze können Sie mehr als einen Sukkulententrieb pro Topf bewurzeln. Füllen Sie frisches Pflanzsubstrat in jeden Topf und klopfen Sie ihn auf eine Unterlage, um Hohlräume zu entfernen. In die Untersetzer kommt eine Kiesschicht, die überschüssiges Gießwasser auffängt. Alternativ können Sie ein Anzuchtgefäß benutzen.

4 Jetzt stecken Sie die Schnittenden der Stecklinge so tief in das Substrat, dass die Stecklinge aufrecht stehen. Für längere Triebe brauchen Sie eventuell ein Stöckchen als Stütze, für hängende Sukkulenten wie die Schlangen-Fetthenne Blumendraht oder Haarklemmen. Stecklinge von dünnstängeligen Sukkulenten wie *Rhipsalis* können Sie zu mehreren am Innenrand des Topfes verteilen, sie haben dann gleich etwas, worüber sie hängen können.

5 Befeuchten Sie das Substrat großzügig mit der Sprühflasche – dann ist alles eine Frage der Pflege. Wässern Sie die Stecklinge alle drei bis vier Wochen – das gesamte Substrat muss sich völlig trocken anfühlen. Solange die Stecklinge bewurzeln, sollten sie nicht direkt im Sonnenlicht stehen. Haben sie Wurzeln getrieben, vertragen sie sukzessive mehr Sonnenlicht. Um zu prüfen, ob er Wurzeln hat, ziehen Sie sehr vorsichtig am Steckling – wenn er sich gleich bewegt, stecken Sie ihn in das Substrat zurück und lassen ihn wenigstens einen Monat in Ruhe. Wenn Sie Widerstand spüren, hat er Wurzeln getrieben.

WURZEL-KRAGEN

Für das Bewurzeln von Stecklingen in Wasser sind kaum Hilfsmittel auf dem Markt, deshalb haben wir angefangen, diese simplen Trichter aus Ton als Stützen für unsere sprießenden Jungpflanzen zu formen. Dazu inspiriert hat uns die Serie »Floating Forest« des Londoner Designers Michael Anastassiades. Bridget McVey (eine gute Freundin und begabte Keramikerin) hat uns geholfen, die Kragen wasserdicht zu machen. Sie müssen nicht gebrannt werden – also kinderleicht zu machen.

Glasvasen sehen zwar sehr schön aus, Sie müssen aber kein durchsichtiges Gefäß verwenden, denn Wurzeln sind an die unterirdische Dunkelheit gewöhnt, sie brauchen zum Wachsen kein Licht – unsere Kragen passen auch auf Tassen und Kannen aus Keramik.

lufthärtender Ton
Teigrolle
Schneidwerkzeug wie Pizzaschneider oder Messer (optional)
Fettpapier (optional)
Speisestärke (optional)
kleine Schüssel mit Wasser
Acrylfarben
Pinsel
Bootslack
Glasgefäße

1 Kneten Sie den Ton gut durch, sodass er weich und formbar ist, aber keine Luftlöcher hat. Dann formen Sie mit den Händen kleine Kugeln (wie einen Knödel).

Tonreste sollten Sie luftdicht in einer Dose oder einem Schnellverschlussbeutel aufbewahren, damit sie nicht austrocknen.

2 Es gibt verschiedene Möglichkeiten, die Kragen zu formen: entweder mit Teigrolle und Schneidwerkzeugen wie Pizzaschneider oder Messer – oder aber per Hand. Wir bearbeiten den Ton gerne mit den Händen – wir mögen es nämlich, wenn das Resultat selbst gemacht aussieht.

Wenn Sie mit Werkzeugen arbeiten, legen Sie Fettpapier auf eine saubere harte Unterlage, rollen Sie die Kugeln darauf aus und schneiden Sie die gewünschte Form aus. Speisestärke verhindert das Festkleben der Masse an der Teigrolle.

Egal, ob Sie nur mit den Händen oder mit Werkzeugen formen: Der Ton darf nicht zu dünn sein, sonst bricht er beim Trocknen. Er sollte etwa 5 Millimeter dick sein.

Wenn Sie möchten, verzieren Sie die Ränder mit Mustern oder Wellen.

Wenn Sie für die Kragen verschiedene Formen zusammenfügen wollen, können Sie sich einen Kleber (»Schlicker«) mit etwas Wasser und einem Klümpchen Ton anrühren. Mit dem Werkzeug schneiden Sie die Ränder der Formen so ein, dass sie ineinanderpassen, fügen sie zusammen und drücken sie an. Nachdem Sie die Kragen in die gewünschte Form gebracht haben, glätten und verstreichen Sie die »Nahtstellen«, damit keine Risse und Fugen bleiben.

3 Lassen Sie die Kragen 8 Stunden trocknen, danach können Sie den Ton noch einmal mit feuchten Fingern glätten und leicht formen, eventuell auch schneiden. Die Kragen weitere 24 Stunden komplett trocknen lassen. Vergleichen Sie die Zeitangaben auf jeden Fall mit denen auf der Tonverpackung!

4 Wenn sie durchgetrocknet sind, können Sie die Kragen bemalen. Tragen Sie die Acrylfarben vorsichtig mit einem Pinsel auf. Wenn Sie übermalen und ändern möchten, lassen Sie den Ton vorher wieder trocknen.

5 Wenn die letzte Farbschicht komplett getrocknet ist, verpassen Sie jedem Kragen mit einem sauberen Pinsel eine Lackschicht. Achten Sie darauf, die gesamte Oberfläche mit Lack zu überziehen. Ist die erste Schicht getrocknet, tragen Sie eine zweite auf. Der wasserfeste Lack verhindert, dass die Tonkragen aufweichen.

Lassen Sie die Kragen trocknen. Legen Sie auf jedes Gefäß einen und setzen Sie je einen Steckling hinein.

Blattstiele

Stellen Sie sich Ihre Zimmerpflanze als einen Baum vor (manche sind es sogar): Der Hauptstängel ist der Stamm, die Seitenstängel sind die Äste; die am Seitenstängel sitzenden Blattstiele gleichen jungen Trieben.

Die Blattstiele treiben aus einem Sprossknoten – einem Punkt mit einem hohen Anteil an Wachstumshormonen –, deshalb bewurzeln Blattstecklinge sehr schnell und entwickeln sich meistens gut. An einer gesunden Pflanze haben Sie in der Regel viele Blattstiele zur Auswahl, um Ihren Liebling zu vermehren, ohne die Gesamtsilhouette der Pflanze drastisch zu verändern. Wenn Sie die Blattstecklinge im Frühling einsetzen, dann sollten Sie am Ende des Sommers Anzeichen neuen Wachstums erkennen können.

Weil die Blattstiele meist dünner sind als Stängel, brauchen sie manchmal eine extra Stütze, während sie bewurzeln. Ein Zahnstocher oder Holzspieß eignet sich dazu, aber auch jedes andere feste Material – solange es nicht aus Metall ist.

Hier noch ein Rat: Bevor Sie zur Blumenschere greifen, sollten Sie zur Vermehrungstabelle auf den Seiten 98–101 vorblättern und prüfen, ob sich Ihre Pflanze wirklich über Blattstiele vermehren lässt. Manche, etwa der anmutig zarte *Oxalis* (Sauerklee) und feinstämmige *Ficus*-Sorten, sehen zwar wie geeignete Kandidaten aus – ihre abgetrennten Stiele welken aber einfach nur.

Blattstiel-Stecklinge

selbst gemachtes Anzuchtgefäß (siehe Seiten 30–35) oder gekaufter Anzuchtkasten
Pflanzsubstrat (siehe Seiten 40–41)
Löffel
Wurzelbeschleuniger (siehe Seiten 36–39)
scharfes, steriles Messer, Garten- oder Blumenschere
Pikierholz oder Bleistift
Zahnstocher oder Holzspieße (optional)
Sprühflasche

Die aparte Pflanze, die Sie auf der rechten Seite sehen, ist *Peperomia caperata* (ein Zwergpfeffer) und hervorragend für diese Art der Vermehrung geeignet. Egal, welche Pflanze Sie wählen, sobald die Blattstiele ein neues Wurzelsystem gebildet haben, sollten Sie auf Seite 35 nachlesen, wie und wann Sie die Jungpflanzen abhärten und umtopfen müssen.

1 Blattstiele verlieren schnell Wasser, wenn sie einmal abgeschnitten sind. Das Anzuchtgefäß sollte also befüllt bereitstehen, bevor Sie schneiden.

2 Nehmen Sie mit einem sauberen Löffel etwas Wurzelbeschleuniger auf – wir bevorzugen für Blattstiele gemahlenen Zimt – und legen Sie ihn auf einer sauberen Oberfläche beiseite.

3 Schneiden Sie möglichst nah am Stielansatz, der Stiel sollte wenigstens 5 Zentimeter lang sein. Machen Sie einen schnellen, sauberen Schnitt, damit die zarten Fasern nicht zerquetscht werden. Wenn Ihnen der erste Schnitt nicht sauber gelingt, legen Sie den Stiel auf ein Brett und schneiden noch einmal, möglichst nah am Stielende.

4 Tupfen Sie die Schnittenden der Stiele einzeln in den Wurzelbeschleuniger, klopfen Sie überschüssigen sanft ab. Drücken Sie mit dem Pikierholz oder Stift ein Loch in das Pflanzsubstrat und setzen Sie einen Stiel hinein. Drücken Sie das Substrat um den Stiel an. Wiederholen Sie das mit jedem Blattstiel – Mindestabstand: 5 Zentimeter. Zarte Stiele können Sie mit Zahnstochern oder Holzspießen stützen.

5 Dann setzen Sie Haube oder Deckel auf Ihr Anzuchtgefäß – denken Sie an kleine Luftlöcher. Bis die Blattstiele Wurzeln getrieben haben, können ein paar Wochen vergehen. Überprüfen Sie regelmäßig, wie feucht das Pflanzsubstrat ist, wenn es sich trocken anfühlt – nur dann –, besprühen Sie es mit Wasser. Alle paar Tage sollten Sie Haube oder Deckel vom Gefäß nehmen, damit viel Luft an die Stecklinge gelangt und sie nicht schimmeln. Verschimmeltes sofort entfernen.

Blattadern

Seit Rose von der Mutter ihres Freunds einen Steckling der Engelsflügel-Begonie (*Begonia coccinea*) bekam, lieben wir Begonien auch als Zimmerpflanzen und suchen ständig nach Hybriden, um auch den letzten freien Fleck in unserem Pflanzenatelier zu begrünen. Begonien bevorzugen indirektes Sonnenlicht und sind deshalb ideale Farbtupfer im Bücherregal oder auf Ecktischchen. Werden sie im Frühling gedüngt, blühen sie im Haus, außerdem sind sie erstaunlich schädlingsresistent.

In Gartencentern findet man viele verschiedene Blüten- und Blatt-Begonien, und die meisten haben fantastische Blattformen und -muster – wie z. B. *Begonia corallina* (Korallen-B.), *Begonia rex* (Königs-B.) und *Begonia metallica* (Metallische B.). Sie eignen sich aus einem schlichten Grund für diese Art der Vermehrung so gut: In den Blattadern werden für die Bewurzelung wesentliche Stoffe gelagert – und ihre Adern treten deutlich hervor. Ein Blatt lässt sich in mehrere Segmente schneiden – manchmal fünf oder zehn – und wenn eines dieser Segmente mit dem richtigen Pflanzsubstrat in Berührung kommt, sprießen bald Wurzeln. Auch epiphytische Blattkakteen (*Epiphyllum*) kann man so hervorragend vermehren.

Pflanzen, die man über Blattadern vermehrt, sollten in einem Anzuchtgefäß bewurzeln – es sei denn, Sie zählen zu den Glücklichen, die ein Gewächshaus besitzen. So bleiben die empfindlichen Blätter während der Phase der Bewurzelung warm und feucht.

Am besten gelingt diese Methode vom Frühling bis zum Frühsommer – und denken Sie daran, die Mutterpflanze ein paar Tage vorher zu wässern.

Blattader-Stecklinge

selbst gemachtes Anzuchtgefäß (siehe Seiten 30–35) oder gekaufter Anzuchtkasten
Pflanzsubstrat für tropische Zimmerpflanzen (siehe Seiten 40–41)
Wurzelbeschleuniger, Puder (siehe Seiten 36–39)
Löffel
scharfes, steriles Messer oder Blumenschere
Schneidbrett
dünner, beschichteter Draht
Wachstumslampe (optional)
Sprühflasche

Um die Varianten dieser Vermehrungsmethode zu demonstrieren, haben wir zwei Pflanzen verwendet, die Sie auf den Fotos rechts sehen: oben (und auf Seite 80) eine Königs-Begonie (*Begonia rex*), unten eine Drehfrucht (*Streptocarpus*).

1 Bevor Sie anfangen zu schneiden, sollten Sie Ihr Anzuchtgefäß präparieren und das Pflanzsubstrat einfüllen. Es empfiehlt sich auch, den Wurzelbeschleuniger einsatzbereit zu haben. Nehmen Sie mit einem sauberen Löffel etwas Wurzelbeschleuniger auf und legen Sie ihn beiseite.

2 Mit dem Messer oder der Blumenschere schneiden Sie ein Blatt ab. Legen Sie es auf ein Schneidbrett und schneiden Sie den Stiel ab, damit das Blatt flach aufliegt. Teilen Sie das Blatt mit dem Messer in briefmarkengroße Segmente, jedes Segment muss einen Abschnitt der Blattrippe – der Hauptader vom Blattgrund zur Spitze – umfassen. Sie können das Blatt aber auch in größere Segmente teilen.

Sie können auch das ganze Blatt nehmen und die stärksten Adern an mehreren Stellen vorsichtig senkrecht einritzen. Grundsätzlich kann jede angeritzte oder durchgeschnittene Ader, die mit dem Substrat in Berührung kommt, Wurzeln treiben.

3 Tupfen Sie den Wurzelbeschleuniger sanft auf jede geteilte Ader bzw. angeritzte Stelle. Sie brauchen dafür nur sehr wenig Puder, denn nur die Schnittränder dürfen betupft sein. Legen Sie die Blattsegmente mit einem Abstand von 2–3 Zentimetern flach auf das Pflanzsubstrat.

4 Schneiden Sie ein paar kurze Drahtstücke ab und formen sie jeweils zu einem »U« . Durchstechen Sie je ein Blattsegment mit einem umgedrehten »U« und verankern Sie es so im Pflanzsubstrat – dabei nicht die Adern verletzen! Die verankerten Segmente können sich so nicht vom Untergrund lösen und dabei zarte Wurzeln aus dem Substrat reißen. Achten Sie darauf, dass die Blattadern direkt auf dem Substrat aufliegen – oder sogar etwas im Substrat liegen.

5 Legen Sie Haube oder Deckel über das Anzuchtgefäß und denken Sie an die Löcher für die Luftzirkulation. Die Blattsegmente treiben in den kommenden Monaten Wurzeln – viel natürliches Licht oder Wachstumslampen beschleunigen den Prozess.

6 Überprüfen Sie regelmäßig, wie feucht das Substrat ist. Wenn es sich trocken anfühlt – und nur dann –, besprühen Sie es vorsichtig mit Wasser, vermeiden Sie es, die Blätter direkt zu besprühen. Denken Sie daran, dass zu viel Feuchtigkeit Fäulnis und Schimmel verursacht. Alle paar Tage sollten Sie deshalb auch Haube oder Deckel entfernen und die Stecklinge gut durchlüften. Verschimmeltes sofort entfernen.

Wie Sie die bewurzelten Blätter umtopfen, können Sie auf Seite 35 nachlesen.

Sukkulentenblätter

Sukkulenten können sich ohne jede Hilfe vermehren. Sie werfen oft saftige Blätter ab, um Energie zu sparen – und jedes gesunde Blatt enthält so viele Wachstumshormone, dass es auch auf der Erde liegend Wurzeln treibt. Das dauert etwas länger als bei Kopfstecklingen (Seite 62), ist aber völlig unkompliziert. Mit einer flachen Anzuchtschale und etwas Anzuchtsubstrat können Sie zehn oder zwanzig Nachkömmlinge einer einzigen Sukkulente ziehen.

Deshalb kann man Sukkulenten auch ganz einfach mit Freunden teilen oder von einer Reise mitbringen – man zwickt einfach ein paar Blätter ab (das schadet dem Aussehen der Pflanze nicht). In einer Streichholzschachtel oder einer kleinen Dose kann man sie im Koffer transportieren – allerdings sollten sie nur ein paar Tage im Dunkeln liegen.

Es vermehren sich zwar nicht alle Sukkulenten auf diese Weise, aber Hunderte Arten tun es bereitwillig, zum Beispiel solche der Gattungen *Sedum* (Fetthenne), *Crassula* (Dickblatt), *Echeveria*, *Kalanchoe* (u. a. Flammendes Käthchen) und auch *Rhipsalis* (Kakteen).

Viele Sukkulenten bilden auch unterirdische Ausläufer oder Wurzelschösslinge – Miniaturklone ihrer selbst –, mehr dazu finden Sie auf den Seiten 121–133.

Sukkulenten-Blattstecklinge

scharfes, steriles Messer, Garten- oder Blumenschere (optional)
Töpfe oder Schalen mit Untersetzern
Kakteen- und Sukkulenten-Pflanzsubstrat (siehe Seiten 40–41)
Sprühflasche oder Gießkanne
Löffel

Es ist sehr wichtig, die Sukkulente ein, zwei Tage vorher zu wässern – denn das abgetrennte Blatt treibt allein aus seinem eigenen Feuchtigkeitsvorrat neue Wurzeln und das kann Monate dauern.

Die Methode demonstrieren wir anhand diverser Pflanzen: Auf den Fotos zu sehen sind oben links eine *Echeveria colorata*, oben rechts verschiedene Echeverien, unten ein Blattkaktus (*Epiphyllum*).

1 Wählen Sie ein paar Blätter von der Mitte des Stängels – sie sollten ziemlich adult sein, aber immer noch so jung, dass sie viel Kraft zum Bewurzeln haben. Um an sie heranzukommen, müssen Sie vielleicht einige der unteren Blätter entfernen.

2 Fassen Sie das Blatt so nah am Stängel wie möglich vorsichtig zwischen Daumen und Zeigefinger – bewegen Sie es ebenso vorsichtig vor und zurück, auf und ab, bis es sich löst. Reißen Sie es nicht ab. Das Blatt muss genau an der Stelle abgetrennt werden, an der es am Stängel ansitzt, denn das ist der einzige Punkt, aus dem die Wurzeln treiben. Sie können es auch mit einem scharfen, sterilen Messer abtrennen.

Nehmen Sie möglichst zehn oder mehr Blätter ab, denn nicht alle werden gesunde Wurzeln treiben, und manche zarte Pflanze geht eventuell später ein. Auch hier gilt: Mehr ist (für ausreichend gesunden Pflanzennachwuchs) besser.

3 Legen Sie die Blätter im Haus – hell, aber nicht im direkten Sonnenlicht – auf eine trockene, saubere Unterlage. So trocknen sie nicht aus, während die Schnittenden wenigstens drei Tage lang verhärten, bevor sie in das Substrat kommen.

4 Säubern Sie Anzuchtschale oder -topf gründlich und geben Sie dann das Pflanzsubstrat hinein. Befeuchten Sie die Oberfläche leicht mit der Sprühflasche. Wenn Sie eine *Echeveria* vermehren, legen Sie die Blätter einfach auf das Pflanzsubstrat, sie müssen nicht in der Erde stecken, um Wurzeln zu treiben.

Die Blätter anderer Sukkulenten stecken Sie mit dem verhärteten Ende so tief in das Substrat, dass sie aufrecht stehen. An einem warmen, hellen Ort muss das Substrat in den folgenden Wochen feucht – nicht nass! – gehalten werden.

5 Nach ein paar Wochen oder Monaten – das hängt von der Jahreszeit ab – sind die ersten winzigen Wurzeln zu sehen, oft auch schon eine winzige Blattrosette. Nun können Sie die Wurzeln behutsam mit etwas Substrat bedecken, um das Wachstum anzuregen. Entfernen Sie aber noch nicht das »Mutterblatt« – es liefert der Jungpflanze nach wie vor Wasser und Nährstoffe.

6 Wenn die Pflanzenkinder etwas gewachsen und kräftiger sind, können Sie sie vorsichtig in ihre eigenen Töpfe umsetzen. Nehmen Sie dazu einen kleinen Löffel als Schaufel. Die Jungpflanzen wollen hell stehen und genauso gepflegt werden wie große Sukkulenten. Am besten stellt man die Töpfe auf einen Untersetzer und wässert sie von unten. Nach etwa sechs Monaten fällt das »Mutterblatt« entweder ab oder es vertrocknet und welkt – jetzt können Sie es entfernen oder im Pflanzsubstrat vergraben.

Blattstücke

Für Pflanzen, die keine erkennbaren Blattstiele, Stängel oder Blattrippen haben, sind Stecklinge aus Blattstücken die Lösung. Diese Methode taugt auch, wenn man diverse Nachkömmlinge aus nur einem Blatt ziehen will. Nicht alle Zimmerpflanzen können so vermehrt werden, doch bei denen, die sich dafür eignen, ist das Ergebnis sehr befriedigend. Es ist einfach fantastisch, dabei zuzusehen, wie sich diese Blattstücke (wie auch die Blattader-Stecklinge von Seite 78) regenerieren.

Weil Sie nur ein einziges Blatt zum Experimentieren brauchen, sind Blattstück-Stecklinge ideal zum Vermehren einer Lieblingspflanze, deren Aussehen Sie aber kaum verändern wollen: Sie schneiden kurzerhand diskret an der Rückseite ein Blatt ab. Aus nur einem schmalen Blatt des Bogenhanfs oder der Schopflilie zum Beispiel können Sie so ganz einfach fünf bis zehn Stecklinge gewinnen. Die hierfür geeigneten Pflanzen haben besonders fleischige Blätter, deshalb hat jedes Stück genügend Feuchtigkeitsreserven, die es am Leben halten, während es bewurzelt. Trotzdem brauchen Sie ein Anzuchtgefäß, damit Ihre Stecklinge nicht austrocknen.

Blattstück-Stecklinge

selbst gemachtes Anzuchtgefäß (siehe Seiten 30–35) oder gekaufter Anzuchtkasten
Pflanzsubstrat (siehe Seiten 40–41)
Sprühflasche
scharfes, steriles Messer oder Blumenschere; Schneidbrett
Filzstift

Die besten Resultate erzielen Sie, wenn Sie vom Frühling bis zum Frühsommer über Blattstücke vermehren. Denken Sie daran, die Pflanze ein paar Tage vorher zu wässern. Wir demonstrieren die Methode anhand eines Bogenhanfs – eines idealen Kandidaten. Aber Vorsicht, sein Saft ist für Menschen und Tiere mäßig giftig, waschen Sie sich also nach dem Schneiden die Hände und stellen Sie die Pflanze außer Reichweite von Kinderhänden und Tierpfoten.

1 Bereiten Sie zuerst das Anzuchtgefäß vor. Wenn Sie das Pflanzsubstrat eingefüllt haben, befeuchten Sie es – es sollte durchgehend feucht, aber auf keinen Fall tropfnass sein.

2 Entfernen Sie ein Blatt so nah wie möglich an der Basis mit einem sauberen Schnitt. Legen Sie das Blatt flach aufs Schneidbrett. Dann schneiden Sie es waagerecht in Stücke, die jeweils etwa 7–10 Zentimeter lang sein sollten. Nur aus der unteren Schnittfläche eines Blattstücks können Wurzeln treiben, deshalb empfiehlt es sich, sie sicherheitshalber mit einem Filzstift zu markieren.

3 Ziehen Sie mit dem Messer einige 3–5 Zentimeter tiefe Rinnen in das Pflanzsubstrat. Das mindert das Risiko, die Stecklinge beim Hineinstecken zu beschädigen. Drücken Sie die Stecklinge fest an, damit sie sicher aufrecht stehen.

4 Decken Sie Ihr Anzuchtgefäß partiell ab, legen Sie den Deckel oder die Haube nicht ganz auf, damit die Luft gut zirkulieren kann und sich nicht zu viel Feuchtigkeit bildet. Während der kommenden Monate sollten Sie das Substrat nur mit Wasser besprühen, wenn es sich trocken anfühlt. Denken Sie daran, den Deckel oder die Haube alle paar Tage ganz abzunehmen, damit sich kein Schimmel bildet. Falls doch, entfernen Sie ihn samt etwas Pflanzsubstrat möglichst bald.

5 Nach zwei bis drei Monaten sollten neben den Blattstücken kleine röhrenförmige Triebe aus dem Pflanzsubstrat schauen. Wenn sie etwa 10 Zentimeter groß sind, können Sie noch einmal auf Seite 35 nachlesen, wie man die Pflänzchen umtopft.

DICHOTOMUS

Pflanzenvermehrungstabelle

Auf den folgenden Seiten haben wir eine Vermehrungstabelle erstellt, in der Sie beliebte Gattungen wie *Agave* und *Philodendron* finden – die es allerdings in vielen verschiedenen Arten gibt. Die von uns vorgeschlagene Methode sollte sich für alle Zimmerpflanzen der jeweiligen Gattung eignen, aber sicherheitshalber sollten Sie sich informieren, ob Ihre spezielle Art auch wirklich darauf anspricht.

Für jede Zimmerpflanze haben wir auch die ideale Vermehrungszeit angegeben. Viele legen im Herbst und Winter eine Ruhephase ein, deshalb lassen sie sich im Frühling und Sommer, wenn sie aktiv und vital sind, am besten asexuell vermehren. Wenn Ihre Pflanzen aber das ganze Jahr über warm stehen, können sie auch das ganze Jahr über aktiv sein. Wenn Sie an ihnen neue Triebe oder Blüten entdecken, können Sie davon ausgehen, dass sich diese Pflanzen erfolgreich vermehren lassen.

Viele Zimmerpflanzen wie Palmen und Kakteen lassen sich auch sexuell mit Samen vermehren. Sollten Sie das versuchen wollen, raten wir Ihnen, sich zuerst über die optimalen Bedingungen zu informieren (und Geduld mitzubringen).

Adiantum raddianum **Frauenhaarfarn**	Teilen/Frühling
Aechmea fasciata **Lanzenrosette**	Kindel/Spätfrühling oder Frühsommer
Aeonium **Rosettendickblatt**	Kopf- oder Blattstiel-Stecklinge/Frühling
Agave **Agave**	Kindel/Frühling oder Sommer
Aglaonema **Kolbenfaden**	Kopfstecklinge, Abmoosen oder Teilen/ Frühling
Alocasia **Pfeilblatt**	Kindel/Frühling
Aloe **Aloe**	Kopfstecklinge oder Kindel/Spätfrühling oder Frühsommer
Asparagus setaceus **Zierspargel**	Teilen/Vorfrühling
Aspidistra **Schusterpalme**	Teilen/Frühling
Begonia (Faserwurzeln) **Begonie**	Kopf-, Blattstiel- oder Blattader-Stecklinge/ Frühling oder Sommer
Begonia (Rhizom) **Begonie**	Rhizom teilen/Frühling oder Sommer
Caladium **Kaladie**	Tochterknollen abteilen/Frühling
Calathea **Korbmarante**	Pflanze teilen/Spätfrühling oder Frühsommer
Ceropegia woodii **Leuchterblume**	Kopfstecklinge/Spätfrühling oder Frühsommer
Chamaedorea costaricana **Costa-Rica-Bambuspalme**	Schösslinge/Spätfrühling oder Frühsommer
Chamaedorea elegans **Bergpalme**	Schösslinge/Spätfrühling oder Frühsommer
Chlorophytum comosum **Grünlilie**	Teilen/Spätfrühling oder Frühsommer/ Ausläufer ganzjährig
Citrus **Zitruspflanzen**	Kopfstecklinge/Spätfrühling oder Sommer

Cleistocactus colademononis **Affenschwanz-Kaktus**	Ableger/Frühling oder Sommer
Clivia **Klivie, Riemenblatt**	Teilen/Spätwinter oder Vorfrühling
Codiaeum **Kroton, Wunderstrauch**	Kopfstecklinge/Sommer Abmoosen/Frühling
Crassula **Dickblatt**	Kopf- oder Blattstecklinge/Frühling oder Sommer
Cycas revoluta **Palmfarn, Sagopalmfarn**	Seitentriebe/Spätfrühling oder Frühsommer
Cylindropuntia bigelovii **Bigelow-Opuntie [Kaktus]**	Ableger/Frühling oder Sommer
Dieffenbachia **Dieffenbachie**	Kopfstecklinge oder Abmoosen/Frühling oder Sommer
Dischidia ruscifolia **Urnenpflanze**	Sukkulenten-Blattstecklinge/Frühling oder Frühsommer
Dracaena **Drachenbaum**	Kopfstecklinge oder Abmoosen/Frühling oder Sommer
Dypsis lutescens **Goldfruchtpalme**	Bodentriebe/Spätfrühling oder Frühsommer
Echeveria **Echeverie**	Kopf- oder Blattstecklinge oder Seitenrosetten/Frühling oder Sommer
Epiphyllum **Blattkaktus**	Blatt- oder Blattader-Stecklinge/Frühling oder Sommer
Epipremnum aureum **Efeutute**	Kopfstecklinge oder Absenker/Frühling oder Sommer
Eucomis **Schopflilie, Ananasblume**	Blattstück-Stecklinge/Anfang bis Mitte Sommer
Euphorbia tirucalli **Bleistiftbaum, Milchbusch**	Kopfstecklinge/Frühling oder Sommer (hautreizender Saft: Handschuhe anziehen!)
Ficus benjamina **Birkenfeige**	Kopfstecklinge oder Abmoosen/Frühling
Ficus elastica **Gummibaum**	Kopfstecklinge oder Abmoosen/Frühling oder Sommer
Ficus lyrata **Geigenfeige**	Kopfstecklinge oder Abmoosen/Frühling oder Sommer

Haworthia **Haworthie**	Seitensprossen/Frühling oder Sommer
Hedera helix **Gemeiner Efeu**	Kopfstecklinge oder Absenker/Frühling oder Sommer
Howea belmoreana **Curly-Palme**	Schösslinge/Spätfrühling oder Frühsommer
Howea forsteriana **Kentia-Palme**	Schösslinge/Spätfrühling oder Frühsommer
Hoya **Wachs-, Porzellanblume**	Kopfstecklinge oder Absenker/Frühling oder Sommer
Kalanchoe laetivirens **Brutblatt**	Bewurzelte Brutpflänzchen/ganzjährig
Kalanchoe thyrsiflora **Wüstenkohl**	Blattstecklinge/Frühling oder Sommer
Maranta leuconera **Gebetspflanze**	Teilen oder Kopfstecklinge/Frühling
Monstera deliciosa **Fensterblatt**	Kopfstecklinge/Sommer Abmoosen/Herbst
Musa basjoo **Japanische Faserbanane**	Schösslinge oder Teilen/Spätfrühling oder Frühsommer, alle fünf Jahre
Nephrolepis exaltata **Schwertfarn**	Teilen/Frühling oder Sommer Bewurzelte Ausläufer/Vorfrühling
Oxalis triangularis **Dreieckiger Glücksklee**	Teilen/Frühling oder Sommer
Peperomia **Zwergpfeffer, Zierpfeffer**	Ausläufer, Kopf- oder Blattstiel-Stecklinge/ Frühling oder Sommer
Persea americana **Avocado**	Kopfstecklinge/Frühling oder Sommer
Philodendron **Baumfreund**	Kopf- oder Blattstiel-Stecklinge, Absenker/ Frühling oder Sommer
Pilea cadierei **Kanonierblume**	Kopfstecklinge/Frühling oder Sommer
Pilea peperomioides **Ufopflanze, Glückstaler, Chin. Geldbaum**	Ausläufer, Kopf- oder Blattstiel-Stecklinge/ Frühling oder Sommer
Rhipsalis **Rutenkaktus**	Blatt- oder Kopfstecklinge/Frühling oder Sommer

Rhoicissus [Arten: Zimmerrebe, Russ. Wein]	Kopf- oder Blattstiel-Stecklinge/Frühling oder Sommer
Saintpaulia **Usambaraveilchen**	Blattstiel-Stecklinge/Frühling oder Sommer
Sansevieria **Bogenhanf**	Seitentriebe, Teilen oder Blattstück-Stecklinge/Frühling
Saxifraga stolonifera **Hängender Steinbrech**	Teilen oder Ausläuferpflänzchen/ganzjährig
Schefflera **Strahlenaralie**	Kopfstecklinge oder Abmoosen/Frühling
Schlumbergera **Weihnachtskaktus**	Teilen oder Kopfstecklinge/Frühling oder Sommer
Sedum morganianum **Schlangen-Fetthenne, Affenschaukel**	Kopf- oder Blattstecklinge/Frühling oder Sommer
Sempervivum **Hauswurz**	Teilen, Tochterrosetten oder Blattstecklinge/Frühling oder Sommer
Senecio rowleyanus **Erbsenpflanze, Perlschnur**	Kopfstecklinge/Frühling oder Sommer
Spathiphyllum **Einblatt**	Teilen/Herbst oder nach der Blüte
Strelitzia **Paradiesvogelblume**	Schösslinge oder Teilen/Spätfrühling oder Frühsommer
Syngonium podophyllum **Purpurtute**	Teilen oder Kopfstecklinge/Frühling oder Sommer
Tillandsia **Luftpflanze**	Tochterpflanzen, erst abtrennen, wenn sie ein Drittel der Größe der Mutterpflanze haben
Tradescantia ***T. pallida:*** **Rotblatt**	Kopfstecklinge/ganzjährig
Vriesea splendens **Flammendes Schwert**	Seitensprosse/Frühling oder Sommer
Yucca **Palmlilie**	Teilen, Seitensprosse oder Kopfstecklinge/Frühling oder Sommer
Zamioculcas zamiifolia **Glücksfeder**	Teilen oder Kopfstecklinge/Frühling oder Sommer

Teilen & veredeln

Es muss in diesen Blättern wie durch Alchemie ein Ort mit Spätsommerhimmel, nassem Gras, schönen Stimmen und kalten Händen existieren.

Lindsay Sekulowicz, The Plant

Teilen

Als Rose und ich an unserem ersten Buch *House of Plants* arbeiteten, verliebten wir uns in einen Zierspargel, der sich bald nach dem Kauf als sehr wuchsfreudig erwies (ich entführte ihn flugs in mein Schlafzimmer). Er sah einfach in jedem Raum gut aus (in meinem Schlafzimmer aber am besten). Als Rose dann auszog, stellte sich die Frage: Wer darf ihn behalten?

Glücklicherweise mussten wir uns nicht entscheiden: Unsere Lieblingspflanze ließ sich leicht teilen, wir mussten sie nur in der Mitte durchschneiden.

Zimmerpflanzen, die sich zum Teilen eignen, haben nicht nur einen Stamm oder nur eine Hauptwurzel, sie wachsen eher in Büscheln, wie viele Sukkulenten, zum Beispiel *Calathea* und Einblatt (ein echter Evergreen). Auch Pflanzen mit Rhizomen wie Farne, Bogenhanf, Orchideen oder Glücksfedern lassen sich gut teilen.

Wenn Sie einen Teil, der schon alles Wesentliche hat – Wurzeln, Stängel, Blätter –, abtrennen, haben Sie nicht nur im Handumdrehen eine neue schmucke Pflanze, Sie kurbeln auch das Wachstum der alten an, deren Wurzeln jetzt mehr Platz haben. Bei Topfpflanzen geraten Wurzeln sonst irgendwann in Bedrängnis.

Neben dem Umtopfen ist das Teilen die beste Methode, um eine Pflanze vor Platzmangel zu retten. Achten Sie auf Wurzeln, die aus den Drainagelöchern oder oben aus dem Pflanzsubstrat ragen, auf kränkelndes Aussehen oder einen sich ausbeulenden Topf (so er aus Plastik ist).

Eine Pflanze teilt man am besten zwischen Vorfrühling und Spätsommer bzw. wenn sie aktiv ist. In dieser Zeit sind ihre Wurzeln und Stängel besonders strapazierbar und können den plötzlichen Schock des Eingriffs leichter überwinden.

Teilen – so geht's

Laken oder Tischdecke
Drainagekies
Töpfe mit Drainagelöchern und Untersetzer
Pflanzsubstrat (siehe Seiten 40–41)
scharfes Messer
Kies zum Bedecken (optional)

Zuerst sehen Sie sich die Basis der Stängel genau an, um die Wurzelstruktur und die idealen Schnittstellen auszumachen. Dann überlegen Sie sich, wie drastisch Sie die Größe der Mutterpflanze reduzieren und wie viele neue Pflanzen Sie haben möchten. Davon hängt ab, wie viele Töpfe, Pflanzsubstrat und Kies Sie brauchen.

Bei dieser Methode empfiehlt es sich, die Pflanze vorher nicht zu wässern, denn nasses Pflanzsubstrat ist schwerer zu teilen.

Sie können viele Zimmerpflanzen teilen, aber nicht alle. Wir demonstrieren die Methode anhand eines Zierspargels – Sie sollten die Vermehrungstabelle auf den Seiten 98–101 zurate ziehen.

1 Nehmen Sie ein Laken oder eine Tischdecke als Unterlage, die bröckelnde Erde auffängt. Füllen Sie eine Kiesschicht in einen Topf und geben Sie dann ein oder zwei großzügige Handvoll Pflanzsubstrat darauf.

2 Eine Pflanze mit dünnen Stängeln befreien Sie aus ihrem Topf, indem Sie die Hand flach mit gespreizten Fingern – um die Stängel zu halten – auf das Pflanzsubstrat legen. Dann drehen Sie den Topf vorsichtig auf den Kopf. Falls sich die Pflanze nicht bewegt, lösen Sie die Erde mit einem Messer vom Topfrand.

Pflanzen mit dickem Stängel können Sie an der Stängelbasis vorsichtig herausheben. Ziehen Sie nicht zu kräftig, sitzt die Pflanze fest, sehen Sie nach, ob Wurzeln durch die Drainagelöcher gewachsen sind – die müssten Sie entwirren oder abschneiden. Aus einem Plastiktopf können Sie die Pflanze herausdrücken – im schlimmsten Fall müssen Sie ihn aufschneiden.

3 Die befreite Pflanze stellen Sie aufrecht oder legen sie auf die Seite – je nachdem, wie fest das Pflanzsubstrat ist. Achten Sie darauf, dabei keine zarten Stängel zu knicken oder abzubrechen.

4 Setzen Sie ein scharfes Messer am ersten Punkt an, an dem Sie die Pflanze teilen wollen, und machen Sie einen geraden Schnitt zwischen den Stängeln bzw. Wurzeln. Das wiederholen Sie, bis Sie ausreichend neue Pflanzen haben. Mit einem sehr scharfen Messer beschädigen Sie die Wurzeln so wenig wie möglich. Keine Sorge: Durchtrennte Wurzeln regenerieren sich schnell wieder.

5 Setzen Sie jede abgeteilte Pflanze in ihren Topf und füllen Sie bei der Mutterpflanze das Substrat auf. Drücken Sie das Pflanzsubstrat sanft an – so fest, dass es die Pflanze stützt, aber nicht so fest, dass es die Wurzeln beengt und das Wässern unmöglich macht. Lassen Sie genug Platz, falls Sie auf dem Substrat eine Kiesschicht verteilen möchten, die Fliegen daran hindert, Eier im Pflanzsubstrat abzulegen.

6 Stellen Sie die neuen Pflanzen an einen Ort, der den Licht- und Temperaturbedürfnissen der Mutterpflanze genügt. Welkt eine der Pflanzen, stülpen Sie ihr eine transparente Plastiktüte über, damit sie mehr Feuchtigkeit bekommt. Erholt sie sich, öffnen Sie die Tüte schrittweise, damit sie sich akklimatisieren kann.

Veredeln

Beim Veredeln oder Pfropfen denkt man eher an Obstbäume, bei denen so die Charakteristika der Sorten optimiert werden. Möchte man zum Beispiel eine bessere Pflückhöhe für die Ernte erzielen, kann man den oberen Teil eines Kirschbaums mit besonders leckeren Früchten auf den Stamm einer anderen, nicht allzu hoch wachsenden Sorte transplantieren (man spricht auch von »kopulieren«).

Zu Hause kann man Kakteen einfach nur zum Spaß veredeln. Oder man rettet einen kränkelnden Liebling, indem man ein noch gesundes Stück von ihm auf einen anderen gesunden Kaktus pfropft. Wir machen es am liebsten, um auf diese kreative Art ein paar bizarre Silhouetten an die sonnigsten Orte unserer Wohnungen zu zaubern.

Den »Pfropfen« (wegen seines Stamms/seiner Stängel gewählt) nennt man das Reis, den unteren Teil (wegen seiner Wurzeln gewählt) die Unterlage. Im Allgemeinen gelingt das Veredeln, wenn Reis und Unterlage genetisch gleich sind, aber bei robusten Kakteen kann man auch ganz verschiedene Arten vereinigen, manchmal sogar verschiedene Gattungen – und völlig einzigartige Hybriden erschaffen.

Probieren Sie die Methode doch einfach mal mit verbreiteten Arten aus: Als Unterlage können Sie es mit den Gattungen *Lemaireocereus*, *Trichocereus*, *Cereus*, *Hylocereus* und *Opuntia* versuchen. Als Reis können Sie zum Beispiel Arten von *Sulcorebutia*, *Echinomastus*, *Lophophora* und *Strombocactus* nehmen.

Veredeln Sie im Frühling oder Frühsommer, in der Vegetationsperiode der Kakteen. Damit geben Sie Reis und Unterlage die beste Chance, miteinander zu verwachsen und lange Zeit gemeinsam zu überleben.

Noch etwas: Das Pfropfen ist eine ziemlich »brutale« Methode, also werden einige Pflanzen es nicht überleben. Wir raten Ihnen, mit Kakteen zu experimentieren, an denen Sie nicht allzu sehr hängen.

Veredeln – so geht's

scharfes, steriles Skalpell oder Kopuliermesser
Isopropanol (aus der Apotheke) und sauberes Tuch
lederne Gartenhandschuhe (optional)
Gummibänder
Sprühflasche oder Gießkanne

Wässern Sie die Kakteen drei bis vier Tage vor dem Veredeln, damit sie viel Saft und Kraft haben. Achten Sie auf jeden Fall darauf, dass überschüssiges Gießwasser abtropfen kann, Ihre Pflanzen sollten nicht im Wasser stehen. Wir haben hier eine Art der Gattung *Cereus* und eine der Gattung *Echinopsis* verwendet, beide waren kerngesund. Falls der Anschnitt einer Ihrer Kakteen trocken oder kränklich aussieht, sollten Sie die Pflanze ausmustern.

1 Zuerst säubern Sie die Arbeitsfläche und desinfizieren das Messer mit etwas Isopropanol. Das Messer muss sehr scharf sein, so gelingt ein glatter Schnitt, der das Pflanzengewebe nicht unnötig verletzt.

2 Versuchen Sie, zügig zu arbeiten, damit Reis und Unterlage nicht austrocknen. Nehmen Sie die Handschuhe, um sich vor den Dornen zu schützen. Schneiden Sie zuerst den oberen Teil Ihrer Unterlage sauber ab – mindestens 4 Zentimeter des Stamms müssen an der Basis bleiben. Wenn Sie möchten, können Sie den oberen Teil als Ableger verwenden (siehe Seiten 128–133).

3 Schrägen Sie die Ränder des Anschnitts Ihrer Unterlage an. Das erleichtert das Aufsetzen des Reises. Danach setzen Sie noch einen Schnitt in die Mitte, damit die Oberfläche für den nächsten Schritt so feucht wie möglich ist.

4 Jetzt schneiden Sie vom zweiten Kaktus den Teil, den Sie aufpfropfen möchten, als Reis ab. Schneiden Sie so gerade wie möglich. An der Schnittfläche können Sie die Ringe des Kambiums erkennen, das für das Wachstum und damit für die erfolgreiche Veredelung entscheidend ist.

5 Stellen Sie sicher, dass die Schnittflächen von Reis und Unterlage gerade und glatt sind. Einige Partien der jeweiligen Kambien müssen direkt aufeinanderliegen. Vielleicht können Sie deshalb das Reis nicht genau auf die Mitte der Unterlage setzen – aber wenn die Ringe sich nicht berühren, gelingt das Veredeln sehr wahrscheinlich nicht.

6 Wenn Reis und Unterlage richtig aufeinanderliegen, fixieren Sie sie mit Gummibändern, die Sie über das Reis und unter den Topf führen. Die Bänder müssen so straff sitzen, dass die Schnittflächen aneinandergepresst werden, aber nicht so straff, dass sie das Reis verletzen. Am besten legen Sie die Gummibänder über Kreuz, damit sie nicht verrutschen können.

Liegen Schnittflächen (und Kambienringe) fest aufeinander, können Wasser, Mineralien und andere Nährstoffe von der Unterlage in das Reis gelangen – Bakterien aber nicht. So haben Reis und Unterlage die beste Chance für eine starke und langlebige Verbindung.

7 Die veredelte Pflanze braucht jetzt einen Ort mit angenehmer Temperatur, ohne direktes Sonnenlicht. Wenn das Pflanzsubstrat völlig trocken ist, wässern Sie die Pflanze im Untersetzer von unten.

8 Nach ein paar Monaten können Sie die Gummibänder abnehmen, die Pflanzenteile sollten dann zusammengewachsen sein. Von nun an behandeln Sie Ihren neuen Kaktus wie jeden anderen auch.

SELBST-BEWÄSSERN-DER TOPF

Viele hübsche Blumentöpfe, die auf dem Markt sind, haben einen Riesennachteil: keine Drainagelöcher. Wenn wir Freunde besuchen, und sie uns einen kränkelnden Liebling vorführen, ist es meistens eine Zimmerpflanze, die in einem versiegelten Topf wächst. Ohne einen Abfluss bleibt das überschüssige Gießwasser im Pflanzsubstrat stehen – dann entwickeln sich Bakterien und schädigen irgendwann die Wurzeln.

Dummerweise sind im Laden gekaufte, selbstbewässernde Töpfe oft ziemlich hässlich oder ziemlich teuer oder beides.

Unser selbstbewässernder Topf eignet sich für alle tropischen (also aus einem humiden Klima stammenden) Zimmerpflanzen, die eine ständig feuchte – aber nicht tropfnasse – Erde bevorzugen. Dazu gehören Farne, Palmen, *Alokasien* (Pfeilblätter) oder das vornehme Einblatt. Das eingebaute Wasserreservoir ist auch ausgesprochen praktisch, wenn Sie verreisen und sich sonst niemand um Ihre Pflanzen kümmern kann.

HAWS

tropische Pflanze in ihrem Plastikpflanztopf (das wird der innere Topf)
Übertopf (mit dem anderthalbfachen bis doppelten Volumen des inneren)
eine Tüte Blähton
feine Kiesel zum Abdecken des Pflanzsubstrats (optional)
saugfähiger Stoff wie Baumwolle oder ein sauberes Geschirrtuch – jeder Stoff, der Wasser effektiv aufsaugt, ist geeignet
Zeitungspapier (optional)
Schere
eine Handvoll Aktivkohle
Tasse

1 Reinigen Sie das Material gründlich von allen potenziell schädlichen Bakterien: Waschen Sie die Töpfe mit Wasser und Seife, spülen Sie Blähton und Kiesel gründlich aus, waschen Sie den Stoff in der Waschmaschine – es sei denn, er ist ganz neu. Nur die Aktivkohle muss nicht gereinigt werden.

2 Dann holen Sie die Pflanze aus ihrem Plastiktopf: Stützen Sie die Basis der Stängel mit der flachen Hand und drehen Sie den Topf auf den Kopf. Wenn die Pflanze sich nicht rührt, müssen Sie eventuell Wurzeln, die aus den Drainagelöchern wachsen, abschneiden. Die befreite Pflanze legen Sie vorsichtig auf die Seite. Sie können sie auf etwas zusammengeknülltem Zeitungspapier lagern.

3 Schneiden Sie den Stoff in Streifen, die etwa dreimal länger sind als Ihr Übertopf hoch ist. Bemessen Sie die Breite jedes Streifens so, dass er noch durch ein Drainageloch des inneren Topfs gezogen werden kann. Sie brauchen halb so viele Streifen wie Drainagelöcher – hat der innere Topf zum Beispiel sechs Löcher, brauchen Sie drei Stoffstreifen.

4 Ziehen Sie einen Stoffstreifen durch ein Drainageloch in den Topf und durch ein zweites wieder heraus. Beide Enden sollen unter dem Topf hängen. Ziehen Sie an den Enden, bis der Streifen straff sitzt. Wiederholen Sie das mit allen Streifen.

5 Streuen Sie die Aktivkohle auf den Boden des Übertopfs und schichten Sie dann Blähton darauf. Der Übertopf soll so gefüllt sein, dass der innere Topf in den Tonkugeln ruhen kann und sein Rand ein paar Zentimeter (2–3 cm) unter dem Rand des Übertopfs sitzt.

6 Jetzt wird es etwas knifflig: Die Stoffstreifen sollen durch die Tonkugeln hinunter bis auf den Boden des Übertopfs reichen. So kann der Stoff das Wasser aufsaugen und bis hinauf zum Pflanzsubstrat befördern.

7 Wenn die Stoffstreifen gut eingebettet sind und der Plastiktopf sicher steht, können Sie die Pflanze wieder hineinsetzen und das Pflanzsubstrat nach Belieben mit Kieseln bedecken. Füllen Sie mit der Tasse das Blähtonreservoir mit Wasser – bis das Wasser zur höchsten Schicht reicht. Merken Sie sich, wie viele Tassen Sie dafür brauchen.

8 Füllen Sie zwischen Übertopf und Plastiktopf Blähton auf, bis der Plastiktopfrand nicht mehr zu sehen ist. In den nächsten Stunden, wenn Ihr Topf sein Zauberwerk beginnt, sollten Sie spüren können, dass die Oberfläche des Pflanzsubstrats feucht ist.

Später können Sie prüfen, ob das Wasserreservoir wieder aufgefüllt werden muss, indem Sie die Feuchtigkeit des Substrats mit dem Finger testen. Sobald es sich knochentrocken anfühlt, müssen Sie Wasser nachfüllen.

Ausläufer, Ableger & Kindel

Es gibt überall Blumen, für die, die sie sehen wollen.

Henri Matisse

Ausläufer

Bei Ausläufern fallen einem sofort zwei Zimmerpflanzen ein: die unverwüstliche Grünlilie und der Hängende Steinbrech mit seinen seerosenartigen Blättern. Beide bilden Miniaturpflanzen, die alle nötigen Voraussetzungen haben, um eigenständig zu wachsen. Alles, was sie brauchen, ist ein bisschen Erde.

Etwas präziser ausgedrückt, ist ein Ausläufer ein modifizierter Stängel, der sich, in der Hoffnung den Boden zu erreichen, biegsam horizontal ausstreckt. Er fungiert als Lieferant von Nährstoffen und Wasser und kann deshalb Wurzeln ausbilden, manchmal bevor er überhaupt die Erde berührt – ein Ausläufer, der in der Luft Wurzeln treibt, ist nichts Ungewöhnliches.

In freier Natur ist der Plan recht simpel: Die Ausläufer erreichen die Erde, wurzeln und gedeihen langsam zu einer großen, starken Pflanze. Im Haus und im Topf bleibt ihnen nichts anderes übrig, als über den Topfrand zu hängen und sich in schöner (aber etwas zielloser) Weise aufzufächern, bis sie irgendwann vertrocknen und welken.

Wir behandeln Ausläufer als die nächste Generation einer Pflanze: Wenn man ihnen etwas behilflich ist, kann man das Beste aus jedem einzelnen herausholen, jeder kann sich entwickeln und wachsen und später eigene Kinder in die Welt setzen.

Haben sie erst einmal Wurzeln, sind sie auserlesene Geschenke für all Ihre Lieben (man vertraut schließlich nicht jedem den Nachwuchs an).

Oberirdische Ausläufer

kleine Töpfe mit Drainagelöchern
Untersetzer
Pflanzsubstrat für tropische Zimmerpflanzen (siehe Seiten 40–41)
Sprühflasche oder Gießkanne
Drainagekies
ein paar Haarnadeln
Blumenschere

Suchen Sie sich Ausläufer aus, die kräftig aussehen und gesunde Blättchen haben. Egal, wie viele Sie einpflanzen möchten, wir empfehlen Ihnen, nur die gesündesten zu nehmen, damit Sie später nicht enttäuscht werden. Wir haben (siehe rechte Seite) fünf oder sechs Ausläufer einer Grünlilie genommen.

Denken Sie daran, dass die Ausläufer an der Mutterpflanze hängen bleiben und nicht gestört werden wollen, während sie bewurzeln – suchen Sie ihnen einen Ort in Ihrer Wohnung, den Sie in den nächsten Monaten nicht brauchen.

Solange die Ausläufer mit der Mutterpflanze verbunden sind, werden Wasser und Nährstoffe zum neuen Pflänzchen transportiert, das mit dieser Extranahrung schneller sein eigenes Wurzelsystem bildet. Keine Sorge, wird ein Kindel von der Mutterpflanze getrennt, bevor es Wurzeln hat, kann es trotzdem gedeihen – es dauert nur länger.

1 Reinigen Sie Töpfe und Untersetzer gründlich. Füllen Sie die Töpfe dann mit Pflanzsubstrat und verdichten Sie dabei Hohlräume. Wässern Sie das Substrat so, dass es durchgehend feucht ist. Überschüssiges Wasser lassen Sie abtropfen und geben dann eine flache Schicht Drainagekies in die Untersetzer.

2 Suchen Sie sich die Ausläufer aus und achten Sie darauf, dass sie lang genug sind. Dann setzen Sie jeden Ausläufer am Stängel von der Mutterpflanze in seinen neuen Topf.

3 Schauen Sie nach, ob der Ausläufer schon Wurzeln gebildet hat – in diesem Fall sollten Sie mit dem Finger eine kleine Kuhle in das Pflanzsubstrat drücken.

Falls an einem Ausläufer mehrere neue Pflänzchen sitzen – umso besser, Sie können sie später teilen, nachdem sie bewurzelt sind.

4 Biegen Sie die Haarnadeln etwas auf und nehmen Sie sie als U-Haken, um die Ausläufer vorsichtig, aber fest in das Pflanzsubstrat zu drücken.

5 Prüfen Sie regelmäßig, ob Mutter- oder Nachwuchspflanzen Wasser brauchen, das Substrat in ihren Töpfen sollte immer feucht, aber nie tropfnass sein. Die Kiesschicht im Untersetzer speichert Feuchtigkeit und kann zwischendurch ein Austrocknen der Jungpflanzen verhindern.

6 Nach ein paar Monaten prüfen Sie, ob sich Wurzeln gebildet haben. Entfernen Sie die Haarnadeln vorsichtig und ziehen Sie sanft an den Pflänzchen: Wenn Sie Widerstand spüren, haben sie schon Wurzeln. Lassen sich die Pflänzchen einfach aus dem Substrat lösen, stecken Sie sie zurück und lassen ihnen noch einen Monat Zeit.

Wenn die Jungpflanzen bewurzelt sind, können die Ausläuferstängel mit einer scharfen Schere abgeschnitten werden – so nah an jeder der Pflanzen wie möglich.

Ableger & Kindel

Als Rose die Familie ihres Freundes auf Zypern besuchte, wurde sie in einen uralten Sukkulentengarten eingeladen. Zwischen den niedrigen Mauern war über die Jahre eine vielgestaltige Landschaft aus *Cylindropuntia bigelovii*, Mauerpfeffer und rankenden *Rhipsalis* entstanden – viele waren als Ableger in den Garten gekommen. Rose kehrte mit Flaschen voller eigener wunderlicher Kaktusableger nach Margate zurück, und jeder hatte eine Geschichte.

Ich hatte zur selben Zeit in London Besuch von guten Freundinnen aus Frankreich. Am letzten Tag nahmen Camille und Salomé Ableger von meinen seltensten Kakteen und Sukkulenten mit. In einer mit Küchenpapier ausgelegten Plastikdose transportierten sie die stechenden Stücke in ihr Pariser Apartment.

Wunderbarerweise überlebten fast all diese Ableger ihren jeweiligen Umzug, und wir erkannten, wie fruchtbar das Sukkulentensammeln auf Reisen sein kann.

Der Trick dabei ist, dass die Schnittflächen von Kakteen und Sukkulenten (anders als bei Stecklingen tropischer Pflanzen) trocknen müssen, nachdem sie von der Mutterpflanze getrennt wurden. So kann ein Ableger samt seiner Geschichte unkompliziert und ohne Substrat von einem Zuhause ins nächste verlegt werden.

Ausläufer, egal, ob oberirdisch aus dem Hauptstängel oder unterirdisch wachsende, bilden Miniaturklone der Mutterpflanze, auch Kindel genannt. Oft treiben sie aus, nachdem die Pflanze geblüht hat. Man findet sie an Wüstenkakteen, Agaven, Aloen und Bromelien, aber auch an Palmen und der Grünlilie.

Wie Stecklinge können Kindel und Ableger die letzte Hilfe für eine Pflanze sein, die von Schädlingen befallen ist – über ein noch gesundes Teilstück kann man der Mutterpflanze zu ihrer Wiedergeburt verhelfen.

Kindel – unterirdisch oder an der Basis

Drainagekies
Anzuchtsubstrat
Pflanztopf und Untersetzer
Gießkanne oder Sprühflasche
scharfes, steriles Messer
Pflanzsubstrat für tropische Zimmerpflanzen (siehe Seiten 40–41)
transparente Plastiktüte (optional)

Prüfen Sie auf jeden Fall, ob das Kindel schon Wurzeln hat. Solche, die an oder unter der Erdoberfläche austreiben, haben meist welche – das gilt vor allem für tropische Pflanzen wie *Peperomia*, Grünlilie, Palmen und Bromelien. Wir haben hier (siehe rechts) eine Lanzenrosette (*Aechmea fasciata*) genommen.

Bei Wüstenkakteen (die meist aufrecht stehen) wachsen die Ableger weiter oben am Stamm. Bei *Opuntia microdasys*, auch als Hasenohr-Kaktus bekannt, sind die »Ohren« die Ableger. Diese Ableger müssen erst noch Wurzeln treiben – das kann dauern, ist aber unkompliziert. Wie es geht, können Sie auf Seite 133 nachlesen.

Kindel sollten Sie an der Mutterpflanze lassen, bis sie gut ein Drittel ihrer Größe erreicht haben. So haben sie größere Chancen, allein zu überleben. Topfen Sie die Kindel im Frühling oder Sommer ein, wenn die Mutterpflanze austreibt und wächst.

1 Geben Sie zuerst eine Schicht Drainagekies in den Untersetzer und füllen Sie das Anzuchtsubstrat in den Topf. Wässern Sie die Substratoberfläche leicht, sie soll sich nur feucht, nicht nass anfühlen.

2 Nehmen Sie die Pflanze im Ganzen vorsichtig aus ihrem Topf. Entfernen Sie erst etwas Substrat mit den Fingern, um festzustellen, wie groß das Wurzelsystem ist. Dann entfernen Sie um das Kindel herum so viel Substrat wie möglich, damit Sie erkennen, wo Sie den Schnitt ansetzen können. Es macht nichts, wenn noch etwas Substrat daran hängen bleibt.

3 Verletzen Sie möglichst keine Wurzeln, wenn Sie mit dem Messer das Kindel (hier eine Mini-Rosette) von der Mutterpflanze abtrennen. Setzen Sie die Mutterpflanze wieder in ihren Topf zurück.

4 Drücken Sie mit den Fingern eine Kuhle in das neue Pflanzsubstrat – das Kindel sollte mit seinem Wurzelsystem etwa so tief im neuen Umfeld ruhen, wie es im alten saß. Wenn es größer ist, als Sie dachten, legen Sie es beiseite, bis Sie einen größeren Topf vorbereitet haben.

5 Setzen Sie das Kindel in die Kuhle, bedecken Sie seine Wurzeln mit Substrat und drücken Sie es sanft an. Stellen Sie sicher, dass Wurzeln und Basis des Kindels bedeckt sind und das Pflänzchen allein und sicher stehen kann.

Stellen Sie den Topf in den Untersetzer und wässern Sie ganz sanft am inneren Topfrand. Überschüssiges Wasser kann im Kies versickern und für Feuchtigkeit sorgen.

6 Jetzt können Sie das Substrat der Mutterpflanze auffüllen – das gibt ihr neue Nährstoffe und sicheren Halt, damit sie weiterwachsen kann. Falls Mutterpflanze oder Kindel aussehen, als fehlte ihnen Luftfeuchte, können Sie sie unter eine Plastiktütenhaube stellen, bis sie sich erholt haben.

Ableger ohne Wurzeln

Lederhandschuhe oder zusammengeknüllte Zeitung (optional)
scharfes, steriles Messer oder Skalpell
Wurzelbeschleuniger, gemahlener Zimt (siehe Seiten 36–39; optional)
eine Handvoll Drainagekies
Pflanztopf und Untersetzer
Kakteen- und Sukkulenten-Pflanzsubstrat (siehe Seiten 40–41)
Sprühflasche

Diese Methode ist für Wüstenkakteen ideal, deren Ableger oft aus dem Hauptstamm treiben. Auf den Fotos ist *Opuntia consolea* zu sehen. Manche Bromelien und Tillandsien produzieren an ihren Blatträndern wurzellose Brutknospen (Miniaturklone). Warten Sie, bis die Brutknospe wenigstens ein Drittel der Größe ihrer Mutterpflanze erreicht hat. Dann besprühen Sie Mutterpflanze samt Brutknospe großzügig mit zimmerwarmem Wasser – danach sollten Sie die Brutknospe sanft mit den Fingern abnehmen können.

1 Bei Kakteen empfiehlt es sich, die Finger mit Handschuhen oder zusammengeknülltem Zeitungspapier zu schützen, wenn man die Pflanze anfasst. Machen Sie mit dem Messer einen sauberen Schnitt an der Basis des Ablegers. Weil viele Pflanzen sich selbst über Ableger vermehren, sollte er sich leicht lösen lassen.

2 Die Schnittflächen unbewurzelter Ableger von Kakteen und Sukkulenten sollten ein paar Tage trocknen und verhärten, damit keine schädlichen Bakterien eindringen. Sie können die Schnittfläche mit etwas gemahlenem Zimt bestäuben, bevor Sie den Ableger an einen kühlen, hellen Ort ohne direktes Sonnenlicht legen. (Brutknospen können gleich in das Pflanzsubstrat.)

Auf Reisen können Sie auf den wurzelbeschleunigenden Zimt verzichten. Den Ableger transportieren Sie einfach vorsichtig in einem luftdichten Behälter. Solange er etwas indirektes Licht bekommt, sollte er ein bis zwei Wochen überleben können – bis Sie ihn dann einpflanzen.

3 Nach drei bis vier Tagen sollte die Schnittfläche verhärtet sein. Füllen Sie jetzt eine Schicht Drainagekies in den Untersetzer und Pflanzsubstrat in den Topf. Befeuchten Sie die Substratoberfläche mit der Sprühflasche. Dann stecken Sie die Schnittfläche einfach so tief hinein, dass der Ableger aufrecht steht.

4 Stellen Sie den Ableger an einen Ort mit viel indirektem Licht. Das Pflanzsubstrat befeuchten Sie leicht, wenn es sich völlig trocken anfühlt.

Es kann bis zu sechs Monate dauern, bis der Ableger Wurzeln getrieben hat. Sie prüfen das, indem Sie sehr vorsichtig an ihm ziehen – spüren Sie Widerstand, ist er bewurzelt. Spüren Sie, dass er sich bewegt, stecken Sie ihn in das Pflanzsubstrat zurück und geben ihm mehr Zeit. Auch mit dem Umtopfen sollten Sie warten – mindestens ein Jahr.

Abmoosen & Absenker

Gärtnern ist ein endloses Experimentieren, deshalb macht es so ein Vergnügen.

Vita Sackville-West, Aus meinem Garten

Das Abmoosen ist eine der ältesten Vermehrungsmethoden, chinesische Bonsai-Züchter waren vor über 1000 Jahren wohl die Ersten, die sie anwendeten. Wie bei Stecklingen arbeitet man mit vorhandenem Pflanzenmaterial und erhält eine genetisch exakte Kopie der Mutterpflanze.

Genauso ist es bei Absenkern. Egal, ob man über Absenker oder Abmoosen vermehrt, man hilft der Pflanze dabei, an einem ihrer Zweige ein neues Wurzelsystem auszutreiben, während dieser Zweig noch mit der Mutterpflanze verbunden ist. Das erreicht man, indem man die äußere Schicht des Zweigs abschält, die innere – mit dem Nährstoff und Wasser befördernden aktiven Kern – bleibt intakt. Wenn das innere Pflanzengewebe nun mit dem richtigen Wurzelmedium in Kontakt kommt, kann sich ein neues Wurzelsystem bilden. Sobald es so weit ist, nimmt man den Zweig samt den neuen Wurzeln ab und hat eine neue lebensfähige Pflanze.

Weil das innere Gewebe des Zweigs während der Bewurzelung mit der Mutterpflanze verbunden bleibt, kann diese das Wachstum mit Wasser und Nährstoffen unterstützen und die neuen Wurzeln vor Schaden oder Krankheiten bewahren. Deshalb muss man beim Vermehren über Absenker und Abmoosen die Temperatur- und Feuchtigkeitsbedingungen auch nicht so exakt kontrollieren – insgesamt ist diese Methode also verhältnismäßig unkompliziert.

Vermehrt man über Absenker, biegt man einen Zweig auf die Erde hinunter, damit er dort Wurzeln treibt. Beim Abmoosen befestigt man das Substrat zum Bewurzeln an dem Zweig – diese Technik eignet sich deshalb für Pflanzen mit holzigem Stamm oder dicken, eher unflexiblen Zweigen.

Lassen Sie sich nicht davon abschrecken, dass Sie präzise Schnitte setzen sollen – das ist gar nicht so schwierig, wie es klingt. Außerdem ist die Befriedigung groß, wenn man beobachten kann, wie gesunde neue Wurzeln treiben. Beide Techniken sind wunderbar, wenn man seinen Zimmerpflanzenschatz in relativ kurzer Zeit vervielfachen möchte.

Falls es bei Ihnen zu Hause das ganze Jahr über warm und natürlich hell ist, können Sie jederzeit über Absenker und Abmoosen vermehren. Pflanzen, die im Winter an einem kühlen, dunklen Ort stehen, fallen meistens in eine Ruhephase und sprechen erst am Frühlingsanfang auf die Methoden an.

Abmoosen

Es gibt zwei trendige Zimmerpflanzen, über deren Vermehrung die meisten etwas wissen möchten: den Gummibaum und die Geigenfeige. Stecklinge so großer Zimmerpflanzen mit holzigem Stamm haben es nicht leicht, denn sie bewurzeln nur sehr langsam und sind in dieser Zeit für Krankheiten und Schädlinge anfällig. Abmoosen ist für sie sowie für Kolbenfaden, Kroton und *Dieffenbachia* eine fabelhafte Alternative.

Uns hat einer meiner absoluten Lieblinge auf die Methode gebracht: ein über 40 Jahre alter *Dracaena marginata* (Drachenbaum), liebevoll Marge genannt, den ich von meiner heiß geliebten Großmutter geerbt habe. Marge hatte jedes Frühjahr einen plötzlichen Wachstumsschub, egal, wohin ich sie stellte – sie sprengte bald ihren neuen Rahmen. Irgendwann brauchte ich eine Trittleiter, weil ihre höchsten Zweige schon die Zimmerdecke berührten – obwohl ich Marge anflehte, überallhin, nur nicht nach oben zu wachsen.

Das Abmoosen ist ideal, wenn man alten, dickstämmigen Pflanzen wie Marge, die ihre Blätter verlieren, staksig oder schlicht zu groß werden, neues Leben schenken will. Für Pflanzen mit relativ weichen und biegsamen Zweigen eignet sich eventuell die Vermehrung über Absenker besser, die Sie auf den Seiten 145–147 finden.

Wie schon gesagt, befestigt man beim Abmoosen das Wurzelmedium direkt am Zweig – für alle, die zu Hause wenig Platz haben, ist das natürlich ausgesprochen praktisch, denn sie können die Mutterpflanze an ihrem alten Ort stehen lassen und brauchen während der Bewurzelungsphase weder extra Töpfe noch extra Platz.

Abmoosen – so geht's

Sphagnum-Moos (in Gartencentern erhältlich)
kleine Schale oder Tasse mit lauwarmem Wasser
scharfes, steriles Messer oder Skalpell
Zahnstocher oder Streichhölzer (optional)
Wurzelbeschleuniger, Puder (siehe Seiten 36–39)
Plastikhülle (z. B. eine DIN-A4-Klarsichthülle)
etwas Schnur oder Draht
Pipette, Kännchen oder Löffel
eventuell: sauberes Tuch und Gummiband
später: Töpfe und Pflanzsubstrat (siehe Seiten 40–41)
Sprühflasche oder Gießkanne

Bevor Sie zum Messer greifen, sollten Sie die Anleitung gründlich lesen. Einige Arbeitsschritte sind etwas knifflig, und Sie brauchen eventuell eine helfende Hand, vor allem, wenn Sie sich eine sehr hohe Pflanze ausgesucht haben. Wir demonstrieren die Methode an einer Würgefeige (*Ficus aurea*).

1 Zuerst weichen Sie eine große Handvoll Moos in einer Schale oder Tasse mit lauwarmem Wasser ein.

2 Dann suchen Sie sich an der Pflanze einen älteren Zweig aus, der ziemlich steif, holzig und nicht dünner als ein Bleistift ist. Denken Sie daran, dass Sie den ganzen Zweig abtrennen, sobald sich ein neues Wurzelsystem gebildet hat, wählen Sie also einen, auf den Sie bei der Mutterpflanze verzichten können. Entfernen Sie um die Schnittstelle Blätter und Nebentriebe.

Die Schnittstelle sollte 30–60 Zentimeter unter den obersten Blättern, direkt unter einem Sprossknoten (der Verdickung, aus der Seitentriebe wachsen) sitzen. Wenn der Zweig länger und schwerer wäre – und damit auch die neue Pflanze –, könnte ihn das neue Wurzelsystem sonst womöglich später nicht tragen.

3 Holen Sie tief Luft: Jetzt wird es Zeit für den Schnitt. Für den gibt es zwei Methoden, die man je nach Beschaffenheit des Zweigs anwendet. Ist der Zweig schlicht braun und holzig wie bei einer Geigenfeige oder einem Gummibaum, eignen sich beide unten beschriebene – wir empfehlen Ihnen die Ringmethode in Schritt 4. Wenn der Zweig dicker und schuppiger ist wie bei *Dieffenbachia* oder *Dracaena*-Arten – oder aber dünner und biegsamer, gehen Sie gleich zu Schritt 5 über.

Denken Sie immer daran, vom Körper weg zu schneiden, damit Sie sich nicht verletzen, wenn Sie mit dem Messer abrutschen.

4 Mit der Ringmethode entfernen Sie die äußere, faserige Rindenschicht, die darunterliegenden Schichten bleiben intakt. Schneiden Sie einmal um den gesamten Astumfang im Kreis. Schneiden Sie nur so tief, dass Sie durch die Rinde dringen. Etwa 5 Zentimeter unter (oder über) dem ersten Ring schneiden Sie einen zweiten.

Dann setzen Sie vorsichtig einen geraden flachen Schnitt zwischen den beiden Ringen, damit Sie die Rinde abschälen können. Das geht am besten mit der Messerspitze. Wenn Ihre Schnitte nicht tief genug waren, können Sie jetzt nachschneiden. Passen Sie auf, dass Sie den holzigen Kern des Zweigs nicht verletzen. Weiter geht's dann mit 6 (auf Seite 143).

5 Wir nennen diese Methode schlicht »Rillen«, weil man nur eine Rille in den Zweig schneidet. Sie eignet sich für Zweige,

die entweder zu hart oder zu dünn sind, um sie mit der Ringmethode zu schälen.

Führen Sie das Messer von unten nach oben und setzen Sie einen wenigstens 3–5 Zentimeter langen Schnitt – nur halb so tief, wie der Zweig dick ist, sonst bricht er. Drücken Sie ein Stück Zahnstocher oder Streichholz als Keil in die Rille, damit diese offen bleibt und nicht verheilt.

6 Bestäuben Sie den gesamten geschälten Bereich (Schritt 4) – oder die ganze Rille bis in die Tiefe (Schritt 5) – mit Wurzelbeschleuniger.

7 Drücken Sie überschüssiges Wasser aus dem gewässerten Sphagnum-Moos aus, es soll gut feucht, aber nicht tropfnass sein. Wenn Sie mit der »Rillen-Methode« gearbeitet haben, drücken Sie zuerst etwas Moos in die Rille und legen das restliche Moos dann wie einen Wickel um den Zweig. Wenn Sie mit der Ringmethode gearbeitet haben, legen Sie den Mooswickel großzügig um den geschälten Bereich, er muss völlig bedeckt sein.

8 Halten Sie mit einer Hand das Moos fest und wickeln Sie mit der anderen die Plastikhülle darum. Die Hülle muss an beiden Enden gut zugebunden werden, damit keine Feuchtigkeit entweicht. Das Moos regt die Wurzelbildung an, wirkt antibakteriell und versorgt die neuen Wurzeln mit Wasser.

9 In den nächsten Monaten müssen Sie ab und an prüfen, ob das Moos auszutrocknen droht. Sie öffnen die Oberseite Ihres »Wurzel-Wraps« und befühlen das Moos – wenn es trocken ist, begießen Sie es mit einer Pipette, einem Kännchen oder einem Löffel mit etwas Wasser.

10 Das Bewurzeln dauert wahrscheinlich drei bis sechs Monate, in dieser Zeit muss das Moos immer feucht sein. Die neuen Wurzeln sind sehr zart, gehen Sie also sehr vorsichtig mit ihnen um. Der nächste Schritt kommt erst infrage, wenn Sie ein gesundes Büschel weißer Wurzeln sehen – mehr als auf dem Foto unten rechts (linke Seite).

11 Sind die Wurzeln ausreichend groß, schneiden Sie den Zweig mit Messer oder Gartenschere direkt unter dem Mooswickel ab. Wenn Sie einen *Ficus* vermehren, der Milchsaft absondert, bepflastern Sie die Wunde mit einem sauberen Tuch und einem Gummiband. Nehmen Sie den Plastikwickel ab und lockern Sie das Moos etwas. Beim Eintopfen kommen die Wurzeln samt Moos in das Pflanzsubstrat. Stellen Sie den Topf nicht ins direkte Sonnenlicht, lassen Sie dem Nachwuchs Zeit, sich zu akklimatisieren.

12 In den ersten Monaten können Sie die Pflanze sanft von oben wässern oder von unten über den Untersetzer. Die Erde soll feucht, aber nicht tropfnass sein.

Absenker

In der freien Natur vermehren sich Pflanzen auf natürliche Weise über Absenker, wenn ein Trieb nach unten wächst und mit der Erde in Kontakt kommt. Dieser Kontakt regt die Pflanze dazu an, neue Wurzeln zu bilden, um mehr Nährstoffe aufnehmen zu können. Man kann das oft bei den diversen Efeuarten beobachten, deren Ranken über den Boden kriechen.

Für den Zimmergärtner ist diese Methode ideal, um Pflanzen mit weichen, flexiblen Stängeln, die sich nach unten biegen lassen, zu vermehren. Dazu gehören dünnstänglige *Ficus*-Arten, Kletter-Philodendren, *Schefflera* (Strahlenaralien) und Efeututen. Bei Pflanzen mit dickeren, steifen Zweigen empfiehlt sich das Abmoosen (siehe Seiten 138–143).

Suchen Sie Stängel aus, die alt genug sind, um sich biegen zu lassen, ohne zu knicken. Nehmen Sie keine ganz jungen oder irgendwie verletzten. Denken Sie daran: lieber einen Stängel zu viel als zu wenig – möglicherweise treiben nicht alle Wurzeln.

Wenn Sie sich entschieden haben, welche Stängel Sie vermehren möchten, müssen Sie für die Mutterpflanze einen Ort finden, der ausreichend Raum bietet, um die Stängel herunterzubiegen und in zusätzlichen Töpfen bewurzeln zu lassen. Wenn Sie Ihre Pflanze deshalb an einen ganz neuen Ort umsetzen müssen, sollte der auf jeden Fall ihren Temperatur- und Lichtbedürfnissen genügen.

Das Bewurzeln kann bis zu zwölf Monate dauern, in dieser Zeit sollten Sie die Töpfe in Ruhe lassen – aber Sie können ab und an prüfen, ob die Wurzeln schon treiben oder das Pflanzsubstrat zu trocken ist.

Absenker – so geht's

Drainagekies
kleine Töpfe und Untersetzer
Pflanzsubstrat (siehe Seiten 40–41)
Sprühflasche oder Gießkanne
scharfes, steriles Messer oder Skalpell
Wurzelbeschleuniger, Pulver (siehe Seiten 36–39)
ein paar mittelgroße Steine

Bevor Sie anfangen, prüfen Sie, ob um die Mutterpflanze herum genug Platz für die zusätzlichen Töpfe ist und ob die Töpfe eben stehen können – wenn Sie welche verrücken müssten, könnten Sie Zweige beschädigen.

Je nachdem, wie hoch die zusätzlichen Töpfe sind, brauchen Sie eventuell Holzklötze oder Buchstapel als »Hebebühnen« – die Töpfe sollten nicht zu tief unter der Mutterpflanze stehen, damit die zu vermehrenden Zweige nicht mit Gewalt nach unten gebogen werden müssen.

Auf den Fotos rechts sehen Sie einen Kletter-*Philodendron* (*Philodendron scandens*), der ein idealer Kandidat für diese Methode ist.

1 Geben Sie eine Schicht, etwa 2–3 Zentimeter dick, Drainagekies in die kleinen Töpfe. Dann verteilen Sie das Pflanzsubstrat darauf und drücken es sanft fest. Wenn es sich trocken anfühlt, befeuchten Sie ihn.

2 Suchen Sie sich die Zweige aus. Sie müssen alt genug sein, um nach unten in einen u-förmigen Bogen gedrückt zu werden, ohne zu knicken.

3 Biegen Sie jeden Zweig probeweise zu seinem Topf herunter. Sehen Sie sich an, wo er die Erde berührt und Sie ihn später einschneiden müssen. Störende Blätter und Seitentriebe können Sie entfernen.

4 Nehmen Sie sich den ersten Zweig und machen Sie mit dem Messer oder Skalpell an der Unterseite des »Us« ein oder zwei flache Schnitte (schneiden Sie sich dabei nicht in die Finger). Es ist kein Drama, wenn ein Schnitt zu tief gerät, solange Sie den Zweig nicht durchtrennt haben, sollte er immer noch Wurzeln treiben.

5 Geben Sie etwas Wurzelbeschleuniger in die Schnitte, das erhöht die Chancen.

6 Mit den Schnitten nach unten kommt der Zweigbogen in die Erde. Begraben Sie ihn unter 5–7 Zentimeter Substrat, die Zweigspitze soll aus der Erde schauen. Eventuell müssen Sie den Topf etwas verrücken, damit der Zweig nicht reißt.

Legen Sie einen der mittelgroßen Steine als Gewicht auf das Substrat, um den Zweig festzuhalten.

7 Prüfen Sie alle paar Wochen das Substrat. Wenn nötig, gießen Sie sehr vorsichtig von oben oder füllen den Untersetzer mit Wasser. Das Substrat muss feucht sein, aber nie tropfnass.

8 Nach ein paar Monaten prüfen Sie, ob sich Wurzeln gebildet haben: Sie nehmen den Stein vom Substrat und heben den Zweig sehr vorsichtig an. Hat er keine Wurzeln getrieben, kommt der Zweig leicht aus der Erde. Dann drücken Sie ihn zurück, bedecken ihn wieder mit Substrat und geben ihm ein paar Monate mehr Zeit. Spüren Sie Widerstand, hat der Zweig Wurzeln und kann allein – als neue Pflanze – überleben. Schneiden Sie ihn einfach von der Mutterpflanze ab.

12
9
6

Tropische Sämlinge

Du bist mein Sämling
Voll neuer Möglichkeiten
Deine Wurzeln erforschen die dunkle Erde
Dein Kopf reckt sich der Sonne entgegen

Fiona Langton

Es ist etwas unvergleichlich Wunderbares, eine Pflanze selbst aus einem Samen zu ziehen – aber viele Pflanzen blühen im Haus nicht und wenn sie es doch tun, bestäuben sie sich in der Regel nicht selbst. Man kann natürlich Samen von Kakteen und anderen Zimmerpflanzen kaufen, aber ihre Anzucht ist ziemlich aufwendig und langwierig.

Erstaunlicherweise lassen sich viele Obstsamen, die wir normalerweise wegwerfen, ganz einfach zum Keimen bringen – das geht relativ schnell und ist sehr befriedigend, schließlich kann man mit denen experimentieren, die man in der Küche hat. Nachhaltig ist das Ganze auch – man kann auf diese Weise Kinder ans Gärtnern heranführen und hat hübsche Geschenke parat.

Im Haus lassen sich so zum Beispiel Avocados vermehren (halten Sie nach den Sorten 'Hass' oder 'Holiday' Ausschau), auch Eicheln (pflücken Sie sie im Herbst, bevor sie abfallen), Litschis und Kokosnüsse, die ganz in die Erde kommen und irgendwann zur Palme werden. Eine Süßkartoffel keimt einfach in einem Glas mit Wasser. Wir zeigen Ihnen am Beispiel von zwei unserer tropischen Lieblinge – der Dattel und der Mango – wie Sie aus Samen eine Pflanze ziehen, die Ihnen viele Jahre Freude macht.

Bevor Sie die Fruchtsamen aussäen, müssen Sie sie gründlich waschen und von allem Fruchtfleisch befreien, auf dem sich sonst später Schimmel entwickeln könnte. Samen von frischen Früchten keimen in der Regel erfolgreicher als Samen von getrockneten oder alten – aber grundsätzlich kann es mit allen gelingen, also lassen Sie sich nicht abschrecken.

Falls Sie nicht sofort aussäen können, lassen sich die Samen bis zu drei oder vier Tage lang auf einem feuchten Küchentuch in einem fest versiegelten Plastikbeutel oder einer Plastikdose aufbewahren.

Um herauszufinden, welche Samen keimfähig sind, gibt es einen simplen Test: Legen Sie die Samen in ein mit Wasser gefülltes Gefäß und lassen Sie sie ein paar Stunden stehen. Die Samen, die auf den Boden herabsinken, sind brauchbar, diejenigen, die aufschwimmen, werfen Sie weg.

Dattelpalme

Tasse
sauberes Tuch
Druckverschlussbeutel oder Dose aus Plastik
Drainagekies
Töpfe und Untersetzer
Pflanzsubstrat (siehe Einleitung unten)
Sprühflasche oder Gießkanne
flüssiger Bio-Dünger (optional)

Dattelsamen keimen schnell, die Sämlinge wachsen aber nur sehr langsam, Sie können sie also lange im Topf stehen lassen und brauchen sich außerdem nicht viel um sie zu kümmern. Wir sehen dabei zu, wie sie Gestalt annehmen – erst ist es nur ein einziges Blatt, dann bildet sich ein eleganter Fächer.

Dattelpalmen mögen leichte, lockere Erde: Mischen Sie zwei Teile Kokosfasern und einen Teil Pflanzsand/Vermiculit oder, alternativ, einen Teil Sand und einen Teil Anzuchtsubstrat für tropische Pflanzen.

Die beste Zeit für die Aussaat liegt zwischen Vorfrühling und Frühsommer, die Samen können dann vor dem Winter Wurzeln treiben. Versuchen Sie es mit Datteln der Sorten 'Medjool' oder 'Deglet Noor'.

1 Entfernen Sie die Samen aus den Datteln, waschen Sie Fruchtfleischreste ab. Lassen Sie die Samen in einer Tasse mit lauwarmem Wasser 24 bis 28 Stunden quellen, damit die Schale aufweicht.

2 Befeuchten Sie das Tuch, es darf nicht tropfnass sein. Verteilen Sie die Samen darauf und falten Sie das Tuch zusammen. Die Samen brauchen etwas Abstand voneinander, damit sie beim Keimen genug Wasser und Platz haben.

3 Versiegeln Sie das Päckchen in einem Beutel oder einer Dose aus Plastik. Stellen Sie es an einen dunklen, warmen Ort (eine Zimmertemperatur von etwa 21 °C ist ideal). Lassen Sie die Samen zwei bis drei Wochen in Ruhe – bzw. bis Sie weiße Wurzeln erkennen.

4 Haben die Samen Wurzeln getrieben, ist es Zeit, sie einzutopfen. Geben Sie eine Schicht Drainagekies in die Untersetzer und Substrat in die Töpfe. Legen Sie die Samen auf die Seite, die Wurzeln müssen nach unten zeigen, und bedecken Sie sie mit wenigstens 3 Zentimeter Pflanzsubstrat.

Stellen Sie die Töpfe an einen warmen Ort mit viel hellem Licht. Palmen sind ursprünglich vor allem in ariden Weltgegenden heimisch und vertragen nicht zu viel Wasser. Halten Sie das Pflanzsubstrat gerade eben feucht.

5 Nach etwa drei Monaten sollten Sie das erste Blatt, das einem Grashalm ähnelt, erkennen können. Topfen Sie Ihre Mini-Palme erst in einen etwas größeren Topf um, wenn die Wurzeln den alten zu sprengen drohen. Um das Wachstum anzuregen, geben Sie ihr im Frühling und Sommer einmal monatlich verdünnten Bio-Dünger (z. B. Algendünger). Düngen Sie im Winter nicht!

GRÜN-
TÜTEN

Die Künstlerin, die dieses Buch für uns gestaltet hat – die wunderbare Giulia Garbin – besitzt viele Begabungen. Bei der gemeinsamen Arbeit lernten Rose und ich Giulias Illustrationen und ausdruckstarke Linolschnitte kennen und lieben.

Diese Idee haben wir zu dritt entwickelt: individuelle »Grün-Tüten« für Samen, Blumenzwiebeln, Sukkulentenblätter oder Kaktusableger, um Freunde damit zu beglücken. Bei den Entwürfen haben wir uns von alten botanischen Stichen inspirieren lassen, die man problemlos finden kann.

Papier und Bleistift
Pauspapier
Tesafilm
Linolplatte
Kohlepapier (optional)
Linolschnittwerkzeug
Acetatpapier, Glasplatte oder Acrylpalette
Zeitung
Linoldruckfarbe und Farbwalze
Papiertüte oder -umschlag mit Bindfadenverschluss
Reiniger und Lumpen zum Reinigen des Werkzeugs
Seidenpapier (optional)

1 Zeichnen Sie Ihren Entwurf auf Papier, so, wie er auf der Tüte erscheinen soll. Im nächsten Schritt werden Sie die Konturen nachzeichnen – geben Sie Ihrer Skizze jetzt kräftige Umrisse und Schraffuren.

2 Legen Sie das Pauspapier auf die Skizze und fixieren Sie es mit Tesafilm, damit es nicht verrutscht. Zeichnen Sie mit dem Bleistift die Konturen und Schraffuren nach. Sie können Ihren Entwurf auch noch verändern.

3 Legen Sie die Linolplatte mit der Linolseite nach oben auf die Arbeitsfläche – und das Pauspapier mit der Zeichnung nach unten auf die Platte.

4 Zeichnen Sie die Skizze noch mal kräftig nach – um das Grafit auf die Platte zu übertragen. (Kohlepapier mit der Kohleseite nach unten zwischen Pauspapier und Platte ist hilfreich.) Ihr Bild ist nun spiegelverkehrt – nach dem Druck erscheint es wieder »richtig«.

5 Schnitzen Sie mit dem Werkzeug vorsichtig das Linoleum um Ihre Zeichnung heraus. Kleiner Tipp: Schneiden Sie zuerst an den äußeren Konturen entlang, so haben Sie ein klareres Bild vor Augen. Sehr effektiv ist es auch, von den Linien weg zu schnitzen. Es macht gar nichts, wenn Sie Fehler machen – manchmal sind gerade die Drucke besonders schön, bei denen vorher einiges schiefgegangen ist.

Müssen Sie die Platte auf die Größe der Tüte zuschneiden, lassen Sie etwas Rand stehen. Fegen Sie Späne von der Platte und legen Sie die Platte beiseite.

6 Legen Sie das Acetatpapier auf eine Lage Zeitungspapier (oder nehmen Sie eine Glasplatte bzw. Acrylpalette). Drücken Sie etwas Druckfarbe darauf. Rollen Sie mit der Farbwalze senkrecht und waagerecht darüber, bis ein gleichmäßiger Farbfilm entsteht und die Walze völlig mit Farbe bedeckt ist.

7 Legen Sie die Linolplatte auf sauberes Zeitungspapier. Verteilen Sie die Farbe mit der Walze gleichmäßig darauf. Drücken Sie die Walze aufs Linoleum (nicht in die ausgeritzten Flächen), wechseln Sie auch mal die Walzrichtung. Brauchen Sie mehr Farbe, rollen Sie die Walze wieder über den Farbfilm (siehe 6).

8 Legen Sie die Tüte/den Umschlag mit der zu bedruckenden Fläche nach oben auf sauberes Papier. Legen Sie die Linolplatte mit der Farbfläche nach unten vorsichtig darauf. Pressen Sie die Platte mit den Händen (oder einer sauberen Walze) kraftvoll auf die Tüte/den Umschlag. Nehmen Sie die Platte ab. Lassen Sie die Tüte/den Umschlag trocknen und reinigen Sie das Werkzeug. Sie können wieder bei Schritt 1 anfangen und weitere Motive in neuen Farben ergänzen.

Wenn Sie etwas zusätzlichen Schmuck – und ein Polster – möchten, wickeln Sie die Samen, Blumenzwiebeln oder Ableger noch in feines Seidenpapier, bevor Sie sie in der Tüte verschenken.

COASTAL BIRDS
THE SHOCK OF THE NEW
Chichura / Stevens
SUPER SCULPTURE
THE PHOTOS OF THE CENTURY
THE EYE HAS TO TRAVEL
HOTEL
DO YOU KNOW?
OUR EARTH
FINE ART
FINE ART
ARCHITECTURE
ARCHITECTURE
ANCIENT WORLD
MODERN WORLD
ANCIENT WORLD
MEDIEVAL WORLD
SCULPTURE
Nancy Armstrong
JACQUELINE GROAG

Mini-Mangobaum

Eine Mango aus dem Samen zu ziehen macht rundum glücklich: Erst genießt man das saftige Fruchtfleisch, dann stößt man auf den Samen (der riesig und oft hübsch bunt ist) und nach der Keimung sieht man dabei zu, wie ein aparter rosa- bis kupferfarbener Trieb sprießt.

Denken Sie daran, dass ein Mangobaum als tropische Frucht viel Sonne und Feuchtigkeit braucht. Er sprießt zwar schnell, wächst aber im Haus meistens nicht über eine bestimmte Höhe hinaus. Suchen Sie ihm den wärmsten und hellsten Platz aus – eine Fensterbank nach Süden ist ideal. Falls Sie die Möglichkeit haben, stellen Sie ihn, wenn er recht groß ist, ins Gewächshaus. Wenn Sie Glück haben, setzt er Früchte an.

Falls es bei Ihnen zu Hause verhältnismäßig kühl ist, sollten Sie den Topf samt Samen auf eine Heizmatte setzen, damit die Pflanze auch wirklich keimt und gedeiht. Wie die meisten Samen sollte man auch Mangosamen im Vorfrühling säen.

Mini-Mangobaum – so geht's

Messer
Scheuerbürste
Gartenschere
kleines Glas
Samenanzuchtsubstrat
Topf und Untersetzer
Drainagekies
bei Bedarf Glasglocke oder transparente Plastiktüte und Schnur
Sprühflasche oder Gießkanne

1 Jeder Mangosamen wird von einer starken Hülse geschützt, diese Kernhülse sehen Sie, wenn Sie eine Mango gegessen haben. Schneiden Sie die reife Mango auf, entfernen Sie das Fruchtfleisch und reinigen Sie die Hülse unter fließendem Wasser mit einer Bürste gründlich von allen Fruchtfleischresten.

2 Schneiden Sie jetzt die Hülse mit der Gartenschere vorsichtig in Längsrichtung auf. Verletzen Sie dabei den Samen nicht. Nehmen Sie den Samen heraus. Entfernen Sie klebrige Rückstände sanft unter fließendem Wasser. Manchmal keimt der Samen schon in der Hülse, dann können Sie eine Wurzel erkennen. Die Wurzel, und dann der Trieb, sprießen aus dem schmalen Ende des Samens.

3 Füllen Sie das Glas etwa zur Hälfte mit zimmerwarmem Wasser. Der Samen kommt aufrecht ins Glas, nur das schmale Ende sollte im Wasser stehen. Stellen Sie das Glas an einen schattigen, warmen Ort (eine Zimmertemperatur von etwa 21 °C ist ideal).

Kontrollieren Sie in den nächsten zwei bis drei Wochen den Wasserstand, er darf nicht sinken. Regelmäßig frisches Wasser schützt vor Bakterien.

4 Nach einer Weile sehen Sie, wie die Wurzel am unteren Ende des Samens erscheint und etwas später auch ein Trieb, der in einem Kringel nach oben wächst. Wir lassen den Samen während dieser Zeit im Wasserglas und setzen ihn in ein größeres, wenn mehr Wurzeln treiben.

5 Haben sich Wurzeln und Trieb entwickelt, wird eingetopft. Geben Sie Substrat in den Topf und Drainagekies in den Untersetzer. Stecken Sie den Samen samt den Wurzeln in das Substrat. Wenn es bei Ihnen zu Hause kühl und sehr trocken ist, setzen Sie eine Glasglocke über den Topf oder stülpen ihm eine transparente Plastiktütenhaube, fixiert mit einer Schnur, über – darunter wird es schön warm und feucht. Denken Sie an die kleinen Löcher, damit die Luft zirkulieren kann, und nehmen Sie die Haube alle paar Tage ab, damit sich kein Schimmel bildet.

6 Halten Sie das Substrat warm und feucht, aber vermeiden Sie Staunässe. Gießen Sie mit zimmerwarmem Wasser, damit das Pflänzchen keinen Kälteschock erleidet. Topfen Sie ein Mal pro Jahr um. Falls Sie Ihre Mango stutzen, tragen Sie besser Handschuhe, der Saft in den Stängeln ruft Hautreizungen hervor.

Pflegen

Werd' alt mit mir,
Das Beste kommt erst noch

Robert Browning

Zurückschneiden

Bei so vielen verschiedenen Arten von Zimmerpflanzen kann man sich schon mal verwirrt fragen, wie und wann man eine bestimmte eigentlich schneiden sollte. Man will ihr schließlich keinen Schaden zufügen oder sie dauerhaft verunstalten.

Dabei ist es ziemlich einfach, bis auf ein paar Sorten, die unten aufgeführt sind, haben die meisten Zimmerpflanzen einen gelegentlichen Rückschnitt gern. Wenn Sie struppige oder wuchernde Teile abschneiden, können Sie Ihre Pflanze dazu anregen, woanders auszutreiben und dichter zu wachsen.

Ideal ist ein Schnitt im 45-Grad-Winkel mit einer sehr sauberen, scharfen (Garten-)Schere, einem Messer oder Skalpell direkt über einem neuen Blatt oder einem Sprossknoten. Für große, verholzte Pflanzen brauchen Sie eventuell eine Astschere oder Säge. Die Pflanze produziert dann beidseitig der Schnittstelle zwei neue Triebe, wächst also buschiger.

Wollen Sie das Schnittgut als Steckling nutzen, sollten Sie nochmals direkt unter einem Sprossknoten an seinem Stängel kürzen. Er kann in einen eigenen Topf kommen oder neben die Mutterpflanze, die danach voller wirkt.

Bevor Sie zum Messer greifen, treten Sie einen Schritt zurück, sehen sich die Pflanze an ihrem üblichen Standort genau an und überlegen, ob der Schnitt, den Sie im Sinn haben, ihr stehen wird. Machen Sie dann kleine Schnitte (einen unüberlegten könnten Sie bereuen), bis Sie mit der neuen Form zufrieden sind.

Die richtige Zeit für einen echten Rück- oder Formschnitt ist die Vegetationsperiode einer Pflanze, denn dann ist sie besonders aktiv und widerstandsfähig. Sie erkennen das daran, dass die Pflanze neue Triebe, Blätter und Blüten produziert, normalerweise im Frühling und Sommer. Wenn Sie allerdings Wachstumslampen verwenden und die Temperatur für Ihre Pflanze optimieren, bleibt sie das ganze Jahr über aktiv.

Drastische Eingriffe sollten Sie so früh wie möglich im Frühling vornehmen, im Spätsommer sollten Sie nicht mehr schneiden, weil der Pflanze dann vor der Ruhephase nicht mehr genug Zeit bleibt, sich zu erholen. Welke Blätter, Blüten und Stängel können Sie das ganze Jahr über entfernen, um Schimmel zu verhindern.

Bestimmte Zimmerpflanzen können an Schnittstellen nicht neu austreiben und sollten deshalb sehr vor- und umsichtig geschnitten werden. Zu ihnen zählen Palmen, Farne, Bogenhanf, *Calathea*, Sauerklee, Agaven, Schusterpalme (*Aspidistra*) und Bromelien. Welke Blüten und Blättchen können Sie natürlich entfernen.

Braune oder beschädigte Stängel und Blätter machen eine Pflanze unansehnlich und auch bei den heiklen Arten kann man sie abschneiden: möglichst direkt an der Basis – sonst vertrocknen und welken die Reste. Denken Sie daran, dass einmal abgeschnittene Stängel nie nachwachsen können.

Und vergessen Sie nicht, dass Sie einen guten Teil Ihres grünen Schnittabfalls als Stecklinge recyceln können.

Ausbrechen & Wurzeln trimmen

Sowohl das Ausbrechen als auch das Trimmen der Wurzeln sorgen dafür, dass Ihre Pflanze ihre Kraft behält, und Sie sich relativ wenig um sie kümmern und sie nicht unbedingt umtopfen müssen.

Das Ausbrechen ist eine Art kleiner Rückschnitt. Sie entfernen nur die Triebspitzen, damit sich die Pflanze im unteren Teil voller und kräftiger entwickelt. Es empfiehlt sich vor allem bei Begonien, Efeu, Efeutute, *Philodendron* und anderen Kletterern, die im Haus oft staksige, dünne Triebe bilden.

Sie zwicken einfach die neuen, weichen Triebe von Haupt- und Seitenstängeln mit Daumen und Zeigefinger ab. Wie beim Schneiden sollten Sie immer über einem Sprossknoten oder einem jungen Blatt ausbrechen. Während der Vegetationsperiode wird die Pflanze dadurch angeregt, Seitenknospen zu bilden, sie bekommt einen Energieschub und wächst voller.

Sehen Sie sich auch die Basis Ihrer Pflanze gut an, viele Zimmerpflanzen bilden unterirdische Ausläufer oder Kindel an der Basis (siehe Seiten 129–133), seltener auch Luftknollen. Diese Kindel schaden der Mutterpflanze zwar nicht, lenken aber deren Wachstumsenergie um – was dazu führen kann, dass die Mutterpflanze staksig wird. Wir empfehlen Ihnen, diese Kindel vorsichtig zu entfernen – Sie haben neue Ableger, und die Mutterpflanze behält viel Kraft.

Auch den unterirdischen Teil Ihrer Pflanze können Sie zurückschneiden. Wenn Sie die Wurzeln trimmen, wächst Ihnen die Pflanze nicht über den Kopf und muss nicht in einen größeren Topf. Diese Methode ist überaus praktisch, wenn es zu Hause recht eng ist und man nicht in einem Dschungel leben will.

Am besten schneiden Sie auch den oberirdischen Teil zurück, damit die gestutzten Wurzeln die Pflanze wirklich tragen können. Das Trimmen der Wurzeln eignet sich auch als Verjüngungsschnitt für Pflanzen, deren Stängel man besser nicht schneidet (siehe Seite 173).

Sehen Sie sich die Wurzeln zuerst genau an. Nehmen Sie die Pflanze vorsichtig aus dem Topf, wenn die Erde ziemlich trocken ist. Haben sich die Wurzeln um den Substratballen gewunden oder kräuseln sie sich wie ein Bart darunter, wachsen sie aus den Abflusslöchern oder wölben sie sich aus der Substratoberfläche – oder wächst die Pflanze insgesamt etwas kümmerlich –, ist es Zeit, die Wurzeln zu trimmen.

Lockern Sie sie mit den Fingern und entfernen Sie so viel altes Pflanzsubstrat wie möglich. Dann schneiden Sie mit einem scharfen Messer, einer Blumen- oder Gartenschere einige der äußeren Wurzeln ab. Sie können bis zu einem Drittel der Wurzeln wegschneiden, ohne die Pflanze dauerhaft zu schädigen. Nach dem Trimmen setzen Sie die Pflanze in neues Pflanzsubstrat, das Sie gut andrücken, damit keine Hohlräume bleiben. Anschließend wässern Sie die Erde gründlich.

Falls sie danach »schwächelt«, binden Sie die Pflanze an einen stützenden Bambusstab. Bis sie wieder fit ist, verträgt sie keine grelle Sonne. Mehr zum plötzlichen Pflanzenkollaps finden Sie auf Seite 188.

Nachsorge

Eben haben Sie noch eine üppige Pflanze, die sich pudelwohl zu fühlen scheint, und plötzlich bekommt sie braune Blätter und wächst nicht mehr. Dann heißt es: nicht verzweifeln. Es gibt diverse Möglichkeiten, eine kränkelnde Pflanze wiederzubeleben, aber zuerst müssen Sie die Symptome deuten lernen.

Damit Sie begreifen, warum Ihre Pflanze Anzeichen von Schwäche zeigt, haben wir eine Liste von Problemen erstellt, die man mit dem bloßen Auge erkennt. Auch die wahrscheinlichsten Ursachen haben wir aufgelistet, oft ist es ein Zuviel – an Wasser, Wärme oder Dünger.

Die besten Problemlösungen finden Sie auf den folgenden Seiten. Und auf Seite 188 erklären wir Ihnen, was Sie im traurigsten Fall, nämlich bei einem plötzlichen Pflanzenkollaps tun können.

Denken Sie daran, dass diese Schwächesymptome ganz unterschiedliche Ursachen haben können. Lesen Sie nach, überlegen Sie sich, welche Ursachen für Ihre Pflanze infrage kommen, in welcher Umgebung, unter welchen Bedingungen sie steht, bevor Sie Ihre Pflegeroutine drastisch verändern.

Häufige Probleme

Braune, abfallende Blätter
Zu warm • zu kalt • zu wenig natürliches Licht • natürlicher Wachstumszyklus

Plötzlicher Laubabwurf
Zu wenig Wasser • Schädlinge • plötzlicher Temperaturwechsel • plötzlicher Lichtstärkenwechsel

Gekräuselte Blätter
Zu wenig Wasser • zu viel Wärme

Braune, fleckige Blätter
Zu viel Wärme • zu häufige Berührungen • bei papierartigen Flecken: zu wenig Wasser • bei weichen, dunklen Flecken: zu viel Wasser

Gelbliche Blätter
Zu wenig Wasser • zu viel Wasser • zu wenig natürliches Licht • Kalkschäden (Leitungswasser)

Welke Blätter und Stängel
Zu wenig Wasser • Staunässe • zu kleiner Topf • zu viel Wärme

Blasse Blätter und dünne Stängel
Zu wenig natürliches Licht • zu kalt • zu wenig Wasser • zu viel Wasser • zu wenig Dünger

Braune Blattspitzen
Zu wenig Wasser • zu viel Wasser • nicht genug Luftfeuchte • zu viel Dünger

Weiße, baumwollartige Gespinste
Die gefürchteten Wollläuse!

Weiche braune oder schwarze Stängel oder Wurzeln
Zu viel Wasser • zu kalt

Kein Wachstum
Zu kleiner Topf • zu wenig Wasser • zu viel Wasser • zu wenig Dünger • zu wenig natürliches Licht

Ursachen & Lösungen

Zu wenig oder zu viel Wasser

Übermäßiges Gießen ist die häufigste Ursache für malade Zimmerpflanzen, das gilt besonders bei Töpfen ohne Abflusslöcher. Prüfen Sie das Pflanzsubstrat – stecken Sie einen Finger etwa 5 Zentimeter tief hinein.

Ist das Substrat durchnässt oder steht die Pflanze im Wasser, gießen Sie überschüssige Flüssigkeit ab und wässern Sie erst wieder, wenn das Substrat trocken ist. Informieren Sie sich, wie viel Wasser die Pflanze braucht und überdenken Sie Ihre Gießgewohnheiten. Verfaulte – weiche und bräunliche – Stängel und Wurzeln entfernen Sie.

Fühlt sich das Pflanzsubstrat knochentrocken an, und Sie denken, dass Sie es etwas vernachlässigt haben, geben Sie ihm erst einmal eine große Tasse zimmerwarmes Wasser. Nach ein paar Stunden, wenn nötig, mehr.

Lesen Sie die Seiten 18–21 über die besten Gießmethoden noch einmal. Und binden Sie Ihre Pflanze mit Schnur an einen Bambusstab, während sie sich erholt.

Zu viel Wärme

Falls Sie ein lichtdurchflutetes Zuhause haben, beneiden wir Sie. Aber manche tropische Arten mögen einen Sonnenplatz nicht, prüfen Sie also, ob Ihre Pflanze mehr Licht und Wärme bekommt, als sie braucht. Stellen Sie sie an einen schattigeren Ort und sorgen Sie dafür, dass sie genug Wasser hat.

Viele Pflanzen vertragen die heiße, trockene Luft, die von Zentralheizungen verströmt wird, nicht. Bis auf Kakteen und andere Sukkulenten, die so viel Sonne wie möglich bevorzugen, brauchen die meisten tropischen Zimmerpflanzen viel helles indirektes Licht und Tagestemperaturen von etwa 21 °C.

Zu kalt

Viele Arten schwächeln vor allem in den kalten Monaten, wenn die Temperaturen unter den optimalen Wert fallen. Wenn es bei Ihnen im Winter ziemlich kühl ist, raten wir Ihnen, die Zimmerpflanzen nur selten zu wässern und ihnen so eine Ruhephase zu ermöglichen. Gießen Sie erst, wenn das Pflanzsubstrat völlig trocken ist, fängt die Pflanze an zu welken, hüllen Sie sie in eine transparente Plastiktüte mit Luftlöchern, um die Luftfeuchte zu erhöhen. Alternativ setzen Sie die Pflanze an einen wärmeren Ort. Stellen Sie die heiklen Arten zusammen, sie spenden sich dann gegenseitig Wärme und Feuchtigkeit.

Nicht genug Luftfeuchte

Mag Ihre Pflanze hohe Luftfeuchtigkeit (wie viele dünnblättrige Arten, die ursprünglich im Regenwald zu Hause sind), füllen Sie Drainagekies in den Untersetzer. Überschüssiges Gießwasser sammelt sich dann unter der Pflanze, ohne die Wurzeln zu berühren, und sorgt in den warmen Monaten für ausreichend Feuchtigkeit.

Sie können die Blätter dieser Pflanzen auch regelmäßig mit zimmerwarmem Wasser besprühen. Aber ehrlich gesagt hilft das nur, wenn Sie so viel Zeit haben, dass Sie wenigstens einmal täglich sprühen können.

Zu wenig Dünger

Die meisten gekauften Zimmerpflanzen haben so viel Dünger in ihrem Pflanzsubstrat, dass sie ein paar Monate davon zehren können. Ist dieser Vorrat erschöpft, tut der Pflanze im Frühling und Sommer eine gelegentliche Düngergabe gut. Bio-Dünger für Zimmerpflanzen, die man im Gießwasser verdünnt, gibt es reichlich – informieren Sie sich aber vorher, wie viel Ihre Pflanze überhaupt braucht.

Zu viel Dünger

Zu viel Dünger schadet eher, vor allem bei Tillandsien und empfindlichen tropischen Arten. Prüfen Sie, ob Sie den Dünger im richtigen Maß verdünnen. Düngen Sie nur während der Vegetationsperiode und geben Sie den Dünger immer ins Gießwasser, nie direkt auf das Substrat.

Zu wenig natürliches Licht

Sonnenliebende Pflanzen, vor allem Kakteen und andere Sukkulenten, leiden darunter, lange an einem schattigen Ort zu stehen. Die Pflanzen bilden dann zu wenig Chlorophyll, das hemmt ihr Wachstum, dafür neigen sie auf der Suche nach Licht zu staksigen Trieben.

Beobachten Sie, wie bei Ihnen das Licht durch die Räume wandert, und stellen Sie die Pflanze an einen helleren Ort. Wenn es bei Ihnen ziemlich dunkel ist, können Sie in eine Wachstumslampe investieren – diese Lampen sind nicht sonderlich teuer, und wir finden, dass sie die Stimmung von Pflanzen und Menschen aufhellen.

Schädlinge

Die meisten Plagegeister, die Sie bei sich zu Hause finden werden, sind einfach zu erkennen und können mit einer Seifenwasserlösung bekämpft werden. Sie können auch Wasser und Alkohol zu gleichen Teilen mischen und versprühen. Wenn Sie Kies auf dem Pflanzsubstrat verteilen, legen Fliegen und Käfer darin keine Eier ab. Falls Sie an Ihrer Pflanze baumwollartiges Gespinst sehen, dann sind es höchstwahrscheinlich ...

Die gefürchteten Wollläuse

Diese kleinen Biester, auch Schmierläuse genannt, wird man nur schwer wieder los, und sie verteilen sich in Windeseile auf andere Pflanzen. Sammeln Sie möglichst viele Läuse und Eierhüllen, die wie Wattebällchen aussehen, mit der Hand ab. Suchen Sie an den Unterseiten und Furchen von Blättern und Stängeln, da verstecken sie sich oft. Dann besprühen Sie die befallenen Stellen mit einem Biopestizid oder einer Alkohollösung. Wenn möglich, brausen Sie die Pflanze im Freien gründlich ab. Untersuchen Sie sie regelmäßig, falls nötig, wiederholen Sie das Ganze.

Sehen Sie sich auch die Wurzeln an. Wollläuse können ihre Eier tief im Pflanzsubstrat ablegen, diese sollten Sie dringend loswerden. Stellen Sie die befallene Pflanze in Quarantäne. Und wenn Sie glauben, dass sie nicht mehr zu retten ist, werfen Sie sie weg, bevor die Wollläuse sich über Ihre anderen Pflanzen hermachen – die Sie auf jeden Fall sorgfältig untersuchen sollten.

Zu kleiner Topf
Alle paar Jahre werden die Wurzeln einer vitalen Pflanze für ihren Topf zu groß, sie verdrängen Pflanzsubstrat und damit Nährstoffe und hemmen das Wachstum. Um zu prüfen, ob Ihre Pflanze umziehen muss, warten Sie, bis das Pflanzsubstrat ziemlich trocken ist, und nehmen die Pflanze dann aus dem Topf. Wenn die Wurzeln sich um den Substratballen gewickelt haben oder aus den Abflusslöchern wachsen, ist es Zeit für einen neuen Topf.

Sofern die Wurzeln nicht extrem dicht wachsen, nehmen Sie einen Topf, der nur eine Nummer größer ist als der alte. In einer zu geräumigen Umgebung könnte Ihre Pflanze einen Schock erleiden.

Zu häufige Berührungen
Wenn Sie Ihre Pflanze oft befühlen (wir verstehen das!), oder sie an einem Ort steht, an dem man sie ständig im Vorbeigehen streift, werden ihre empfindlicheren Blätter beschädigt. Widerstehen Sie der Versuchung, die Blätter zu oft zu streicheln, bzw. überlegen Sie, die Pflanze umzustellen.

Natürlicher Wachstumszyklus
Wie jeder andere lebende Organismus erneuern sich Ihre Pflanzen laufend – sie treiben neue Blätter und werfen die alten irgendwann ab, um Energie zu sparen. Wenn Sie meinen, dass Ihre Pflanze die richtige Zufuhr an Wasser und Wärme bekommt, zwicken Sie braune, verwelkte Blätter einfach ab. Tote Blätter lösen sich ganz leicht, wenn das Blatt Widerstand leistet, lassen Sie es in Ruhe und denken über andere mögliche Ursachen nach.

Kalkschäden
Wenn Sie in einer Gegend mit hartem Leitungswasser leben, lagert sich der Kalk im Substrat ab und schädigt irgendwann die Pflanze. Ersetzen Sie das Leitungswasser durch Regenwasser – Sie können es in einem Eimer vor dem Haus auffangen und in die Gießkanne umfüllen. Ihre Pflanzen und Pflänzchen werden es Ihnen danken.

Wiederbeleben

Wir haben das Drama alle schon erlebt: Urplötzlich lässt sich eine einst stolze Pflanze hängen, wirft ihre Blätter ab und ist ein Bild des Jammers.

Für diesen jähen Pflanzenkollaps ist wahrscheinlich keine rätselhafte Schädlingsplage oder Krankheit verantwortlich, sondern extreme Temperatur-, Wasser- oder Lichtverhältnisse. Meist ist es dann schon zu spät, aber Ihre Pflanze hat eine Überlebenschance, wenn Sie die Ursache identifizieren und etwas ändern, und zwar schnell.

Bevor Sie drastische Maßnahmen ergreifen, schneiden Sie einen Stängel ab und suchen nach Lebenszeichen: Ist er sehr spröde und völlig vertrocknet, ist Ihre Pflanze wahrscheinlich nicht mehr zu retten. Wenn er innen aber ansatzweise feucht oder grün ist, gibt es noch Hoffnung …

Zuerst prüfen Sie die Zimmertemperatur. Eine sehr kalte Winternacht oder plötzliche Hitze von einem Kamin schädigen eine Pflanze, besonders die empfindlichen tropischen Arten, sehr schnell. Gegebenenfalls stellen Sie Ihre Pflanze an einen angenehmeren Ort.

Gießen Sie zu viel oder viel zu selten, könnten die Wurzeln Ihrer Pflanze irreparabel geschädigt sein. Prüfen Sie, ob das Substrat knochentrocken ist oder völlig durchnässt. Und lesen Sie die Seiten 18–21 noch einmal.

Wenn weder Temperatur noch Wasser die Ursachen sind, prüfen Sie, ob Ihre Pflanze zu viel oder zu wenig natürliches Licht bekommt. Manche Pflanzen kollabieren, wenn man sie in direktes Sonnenlicht stellt, andere gehen an schattigen Orten ein, obwohl sie sich dort monatelang wohlzufühlen schienen.

Ein letzter Tipp: Eine kollabierte tropische Zimmerpflanze binden Sie mit etwas Schnur an einem Bambusstab fest. Dann umhüllen Sie sie mit einer transparenten Plastiktüte: In dem Mini-Treibhaus herrschen bald recht hohe Temperaturen und Luftfeuchte. Sorgen Sie für gute Luftzirkulation und akklimatisieren Sie die Pflanze, wenn sie sich erholt hat, langsam.

SCHWEBENDER DSCHUNGEL

Haben Sie schon jede halbwegs freie Fläche bei sich zu Hause mit Grün belegt? Dann raten wir Ihnen, auch die Decken mit Pflanzlichem zu verschönern.

Diese zarten Kupfer-Blätter sind von Matisse' Scherenschnitten und den Mobiles von Alexander Calder inspiriert und leicht selbst zu machen. Sie sehen sehr elegant aus, wenn sie an einem Haken von der Decke hängen und sich in der Luft wiegen.

Sie müssen vielleicht einige Einkäufe machen, aber viele der Grundmaterialien dürften Sie zu Hause haben. Wir bieten Ihnen zwei Optionen beim Kupfer an: feines Blech, das mit einer normalen Schere geschnitten und leicht zu handhaben ist, und dickeres Blech, das später eindrucksvoller wirkt. Für Letzteres brauchen Sie eine Blechschere oder eine andere metallschneidende Schere.

Falls Sie Ihr Mobile an einem kräftigen Pflanzenstängel befestigen möchten, sollten Sie einen starken Faden oder transparente Nylonschnur verwenden, denn Kupfer reagiert mit den Pflanzen.

Papier und Bleistift
Kupferblech 0,1–0,3 mm
Schneidbrett und Skalpell sowie Schere bzw. Blechschere
dicke Nadel und Fingerhut
Kupferdraht 1,4 mm
Spitzzange
weiches Tuch
Nylon- oder Angelschnur zum Aufhängen

1 Wählen Sie unter Ihren Pflanzen eine Art mit besonders interessanter Blattform aus. Wir haben einen unserer Lieblinge, einen Sägeblattkaktus, genommen.

2 Jetzt machen Sie die Schablone: Zeichnen Sie die Blattform auf Papier, entweder frei nach Augenmaß oder indem Sie ein Blatt abtrennen und seinen Umriss nachzeichnen. Hat die Pflanze lange, biegsame Stängel, müssen Sie das Blatt nicht unbedingt abschneiden. Wenn doch, können Sie es anschließend als Steckling einpflanzen.

3 Schneiden Sie beliebig viele (verschiedene) Schablonen aus. Arrangieren Sie sie so lange, bis Sie einen schönen Entwurf gefunden haben. Legen Sie eine Schablone aufs Kupferblech, zeichnen Sie den Umriss mit einem spitzen Bleistift nach. Schneiden Sie das Blatt mit Schere oder Skalpell (bei dickerem Kupferblech mit der Blechschere) aus. Machen Sie lange sichere Schnitte für schöne, klare Kantenlinien. Vorsicht: scharfe Blechkanten.

4 Wenn Sie alle Kupferblätter ausgeschnitten und ein Arrangement im Kopf haben, stechen Sie bei jedem Blatt mit der Nadel ein Loch durch ein Ende.

5 Für die unterste Etage schneiden Sie nun ein Stück Draht ab. Mit der Spitzzange biegen Sie die Enden in kleine U-Formen. Lassen Sie die »Us« offen, damit sich die Kupferblätter leicht einhängen lassen.

Hängen Sie in jedes »U« ein Kupferblatt ein. Wenn Sie mit dem Gebilde zufrieden sind, biegen Sie das »U« zu, sonst warten Sie noch und tauschen gegebenenfalls Blätter aus. Ziehen Sie den Draht zwischen den Fingern glatt und formen Sie einen Bogen.

6 Balancieren Sie den Drahtbogen auf Ihrem Finger aus, um den Aufhängepunkt zu finden, an dem Sie die nächste Etage Ihres Mobiles befestigen. Biegen Sie an diesem Punkt mit der Spitzzange vorsichtig eine Schlaufe. Üben Sie das Schlaufenbiegen vorher mit einem Draht, den Sie nicht brauchen. Wenn die Kupferblätter unterschiedlich groß und schwer sind, liegt der Aufhängepunkt nicht in der Bogenmitte. Ist das Mobile fertig, wird der Bogen ausbalanciert hängen.

7 Für die nächste Etage wiederholen Sie Schritt 5 – hängen Sie aber nur ein Blatt an ein »U«, am zweiten »U« wird im nächsten Schritt diese Etage mit der ersten verbunden. Bei den Kupferblättern können Sie mögliche Dellen mit einem weichen Tuch glätten.

8 Schneiden Sie 5–10 Zentimeter Draht ab. Biegen Sie ihn mit der Spitzzange fast zu einem Kreis. Ziehen Sie den Draht durch die Schlaufe am Aufhängepunkt des ersten Bogens und biegen Sie ihn zu einem geschlossenen Ring. Diesen Ring haken Sie in das freie »U« des zweiten Bogens ein. Nun haben Sie ein Mobile mit zwei Etagen.

9 Wiederholen Sie die Schritte 5 bis 8 so oft Sie wollen, bis Sie mit Ihrem Mobile zufrieden sind – Sie können es einfach halten oder mit vielen Etagen gestalten. An der letzten Etage balancieren Sie noch einmal den Aufhängepunkt aus und formen eine Schlaufe im Drahtbogen – an der hängen Sie Ihr Mobile dann an einer Schnur auf.

Wenn Sie verreisen

So erfüllend die Erholung mit der eigenen Pflanzenfamilie zu Hause auch ist, irgendwann kommt die Urlaubszeit und man muss sie allein lassen. Wenn man niemanden hat, der sich dann um sie kümmert, macht man sich ständig Sorgen um die Zurückgebliebenen. Zum Glück gibt es ein paar einfache Methoden, sie in ihrer gewohnten Umgebung auf Ihre Abwesenheit vorzubereiten – das schont Ihre Pflanzen und Ihr Gewissen.

Sommerurlaubsvorsorge

Während der warmen Monate treiben Zimmerpflanzen Stängel und Wurzeln, deshalb brauchen sie zum Überleben erheblich mehr Wasser als im Winter. Sie in den Frühlings- oder Sommermonaten über längere Zeit allein zu lassen, kann problematisch sein, denn vor allem tropische Arten sind nicht an plötzliche Dürreperioden gewöhnt.

Wenn Sie Glück haben und eine Freundin oder ein Freund das Gießen übernimmt, klären Sie ihn oder sie über den größten Feind der Pflanzen auf – zu viel Wasser.

Wenn Sie niemanden finden, der sich um Ihre Pflanzen kümmert, räumen Sie die Pflanzen vor Ihrer Abreise von direkten Licht- oder Wärmequellen wie Südfenstern (oder Heizungen) weg. Geben Sie in den Untersetzer jeder Pflanze eine Schicht Drainagekies, damit sich Feuchtigkeit unter dem Topf sammeln kann. Dann gießen Sie großzügig – überschüssiges Wasser fließt als Reservoir in die Kiesschicht, und Ihre Pflanzen können davon zehren. Alternativ können Sie eine große Bewässerungsschale mit einer Kapillarmatte auslegen. Tränken Sie das saugfähige Material vor Ihrer Abreise mit Wasser, damit Ihre Pflanzen versorgt sind. Sie können auch nasse dicke Handtücher in die Badewanne legen und die Pflanztöpfe daraufsetzen.

Falls Sie länger als ein, zwei Wochen verreisen, raten wir Ihnen, alle Knospen und Blüten auszubrechen, denn sie verbrauchen viel Energie.

Sie können natürlich auch einen selbstbewässernden Topf, siehe Seiten 114–119, einsetzen. Die Pflanze zieht sich dann so viel Feuchtigkeit aus dem eingebauten Reservoir, wie sie braucht.

Stecklinge & Ableger

Stecklinge sind in der Phase, in der sie ihre empfindlichen Wurzelsysteme ausbilden, besonders anfällig. Zu viel oder zu wenig Licht, Wasser oder Wärme kann ihnen irreparablen Schaden zufügen. Für sie ist eine Kapillarmatte die beste Vorsorgelösung. Alternativ sollten Sie die Pflänzchen in eine transparente Plastiktüte stellen, deren Öffnung Sie verschließen, damit keine Feuchtigkeit verloren geht.

Winterurlaub

Im Winter fallen die meisten Zimmerpflanzen in eine Ruhephase und brauchen wenig oder gar kein Wasser. Solange die Temperatur bei Ihnen zu Hause nicht unter das von den Pflanzen benötigte Mindestmaß sinkt und das Pflanzsubstrat feucht (aber nicht nass) ist, sollte alles gut gehen.

Was Ihre Pflanzen im Winter nicht vertragen sind: kalte Fensterbänke, Umtopfen und Düngen.

Stellen Sie Ihre Pflanzen lieber am wärmsten und hellsten Ort im Haus/in der Wohnung zusammen, weit entfernt von zugigen Türen und Fenstern.

Register

Danksagung

Unser Dank gilt dem glänzenden Team: Fotografin Erika Raxworthy, Programmleiterin Zena Alkayat, Gestalterin Giulia Garbin, Lektorin Laura Nicolson und Illustrator Karl-Joel Larsson – die Zusammenarbeit war uns ein Vergnügen. Die stilsichere Erika hat uns außerdem während der letzten drei Jahre geholfen, den Look unserer Firma Ro Co zu kreieren. – Erika, deine Fähigkeit, versteckte Schönheit aufzuspüren, ist sensationell (und eine großartige Ausrede für einen Recherche-Trip nach Kalifornien!).

Wir danken Heather Holden-Brown, Charlotte Bufton und Matt Doyle für ihren Rat und Samuel Keyte und Petor Georgallou, die immer (noch) Lust haben, uns zu helfen.

Einige großartige Designer haben großzügig zu diesem Buch beigetragen: Niwaki, Okatsune, Serax, Ikea und Iris Hantverk haben uns wunderbare Werkzeuge gestiftet; Andrea Roman, Emma McDowall, Libby Ballard, Louise Madzia und Matthias Kaiser überließen uns ihre wunderschönen Keramikschalen und -töpfe; Rebecca Gladstone und Fran Regan verschönerten unsere rauen Hände mit ihrem Schmuck.

Wir haben wundervolle neue Orte entdeckt: den Chelsea Physic Garden und das Rye Studio in London, die Kaffeerösterei Curve Roasters in Margate. Besonders danken wir Vanessa da Silva vom House of Two Door, dem Fotografen Steph Wilson, Innenausstatterin Laura Fulmine, Liam und Louise von The Reading Rooms in Margate, die uns ihre Studios und Häuser öffneten.

Wir danken David, Carly und Ayshea vom National Botanic Garden of Wales, die so großzügig waren und uns hinter die Kulissen führten, und dem Hydroponik-Experten Gareth Hopcroft, der sein Wissen mit uns teilte.

Und, last but not least, danken wir Ihnen dafür, dass Sie dieses Buch gekauft haben. Schauen Sie doch mal bei uns vorbei, auf Instagram oder unter www.ro-co.uk.

Caro und Rose
Ro Co

Hilfreiche Links

www.botanicgarden.wales
www.chelseaphysicgarden.co.uk
www.house-of-two-door.com
www.ryelondon.com
www.thereadingroomsmargate.co.uk
www.ecothrive.co.uk

Die Originalausgabe erschien 2018 unter dem Titel *Root, Nurture, Grow* bei
Quadrille Publishing, einem Imprint von Hardie Grant Publishing

Quadrille Publishing
Pentagon House
52–54 Southwark Street
London SE1 1UN
www.quadrille.co.uk

Fotos: Erika Raxworthy
Styling: Rose Ray und Caro Langton
Illustrationen: Karl-Joel Larsson

Aus dem Englischen von Anke Albrecht

1. Auflage 2019

Redaktion und Satz: twinbooks, München

Printed and bound in China

www.gerstenberg-verlag.de
ISBN 978-3-8369-2161-9